U0155018

小白实战大前端
移动端与前端的互通之路

A COMPARATIVE LEARNING WAY FOR BEGINNER

The Guide to Front End and Android Development

陈辰 著

机械工业出版社
China Machine Press

图书在版编目（CIP）数据

小白实战大前端：移动端与前端的互通之路 / 陈辰著 . -- 北京：机械工业出版社，2022.6
（Web 开发技术丛书）
ISBN 978-7-111-70675-5

I. ①小⋯ II. ①陈⋯ III. ①程序设计 IV. ①TP311.1

中国版本图书馆 CIP 数据核字（2022）第 076192 号

小白实战大前端：移动端与前端的互通之路

出版发行：机械工业出版社（北京市西城区百万庄大街 22 号　邮政编码：100037）

责任编辑：陈　洁　　　　　　　　　　　责任校对：殷　虹

印　　刷：三河市国英印务有限公司　　　版　　次：2022 年 6 月第 1 版第 1 次印刷

开　　本：186mm×240mm　1/16　　　　印　　张：13

书　　号：ISBN 978-7-111-70675-5　　　定　　价：79.00 元

客服电话：（010）88361066　88379833　68326294　　　投稿热线：（010）88379604
华章网站：www.hzbook.com　　　　　　　　　　　　　　读者信箱：hzjsj@hzbook.com

廖雪峰，开课吧合伙人、前火币网技术专家

陈辰在写作的时候就和我提了这本书的立意：帮助那些在技术深度上突破瓶颈较为困难的前端或移动端工程师在应用广度上取得突破。

在我看来，这本书讲述的是陈辰从前端和移动端初级工程师起步，从零开始掌握大前端技术的过程。本书可以作为零基础的前端或移动端工程师掌握另一端技术的入门级读物。

李玉北，字节跳动 Web Infra 负责人

本书结合实际案例，深入浅出地介绍了跨端领域常见的一些技术方案，对于前端及移动端的开发人员都有比较高的参考价值。

曾探，腾讯文档前端技术负责人、《JavaScript 设计模式与开发实践》作者

这本书有意思的地方是，将 Web 端和移动端中一些实际开发的常见案例，用通俗易懂的方式进行对比，非常适合想从头开始学习另一端技术的前端或移动端工程师阅读。推荐给想进入或者了解大前端领域的读者学习。

梁士兴，美团买菜终端负责人、美团研究员

这几年大前端技术一直是行业热点，表面看是因为诸多互联网公司百花齐放，给从业人员带来了大量的就业机会，而本质上则是因为大前端面向的是终端用户，致力于解决人机交互所面临的一切问题，任何一个优秀的系统，都需要用简单易用、方便快捷的人机接口来和用户打交道。也正是这个原因，前端自身也在持续迭代，百家争鸣，各领风骚。客户端、PC 端、H5、混合应用等多个面向终端用户的交互形态，在不同的应用场景下，都有各自无可取代的价值；其背后的开发方式，却在不断相互借鉴、融合。正是应了《三国演义》开篇所说的"话说天下大势，分久必合，合久必分"。

然而，如此精彩又充满内涵的时代，对于新手来说，难免一头雾水。本书的作者陈辰结合自身的成长经历和日常的工作经验，面向广大初学者，精准地选择了大前端这一领域，

可帮助大家快速上手、入门。本书精心设计了丰富案例，提供了手把手的教学体验。俗话说："师傅领进门，修行靠个人。"相信本书一定能够成为广大读者进入大前端的好帮手。

大前端的世界无比精彩，前景无比繁荣，希望广大读者能够尽快加入大前端的世界，一起把大前端建设得更加美好。

桑世龙（花名狼叔），Node.js 布道者、《狼书》作者

大前端这个概念已经提了很多年。移动端开发火了之后，跨端开发一直是前端开发领域的重点攻克方向，知名的项目有 Cordova、Weex、React Native、Flutter 等。但对于初学者来说，想要同时掌握前端和移动端是有难度的。这本书能够让读者快速掌握大前端相关技术，这对读者学习来说是件好事。作者陈辰经验丰富，之前写的《从零开始搭建前端监控平台》一书广受赞誉，如今这本新书也是不可多得的好书，推荐给所有大前端技术入门者。

月影，字节跳动前端工程师、掘金社区负责人

移动端与前端，本是两个独立发展的技术领域，就像河之此岸和彼岸，互不相连。跨端技术则像一座桥梁，将它们连接到了一起。两端的技术领域不同，但是在解决用户交互问题上，它们有许多值得彼此借鉴的地方。不过，跨端的工程师，要么自身是前端背景，要么自身是客户端背景，受限于专业视角，很少能站在更高的角度上看到两端在用户体验和交互场景下的全貌，并以此相互借鉴，促进融合与突破。这本书的意义就在于它提供了全局视角，让你从更全面的角度看待跨端问题，从而突破自我，达到新的高度。

梁东杰，滴滴高级专家工程师、滴滴国际化大前端负责人

有幸在 8 年前于百度工作时作为导师带过陈辰。我个人也有一段时间想掌握移动端技术，但苦于当时市面上没有这种通过对比方式介绍移动端技能的书籍。在看过本书后我确定，如果你是一名前端或移动端工程师，想要从零开始学习另一端的技术，那么本书就是入门的不二之选。

为什么要写本书

目前，前端工程师、移动端工程师的进阶之路尤为崎岖，很多前端工程师、移动端工程师不知道后续的技术发展方向，也有一些工程师没有办法在技术深度上更进一步。那么是否有一条技术拓广之路呢？答案当然是有的，这就是"大前端工程师"，或者叫"泛前端工程师""端工程师"。有些公司还设有大前端负责人岗位，这个岗位的本质就是引导、管理前端和移动端工程师完成具体的业务或技术任务。但是大多数工程师都是一条技术栈做到底，很少会有移动端、前端技术都掌握的人才。本书旨在解决让一名前端或者移动端工程师快速入门成为大前端工程师的问题。

本书特色

本书涵盖前端、移动端的常规开发知识，并借用对比的方法帮助读者快速掌握另一端的知识。通过已知领域对比学习未知领域的知识也是大部分人最容易接受的学习方法。

在接触陌生知识或者事物的时候，我总是期望在记忆中找寻类似的东西来尝试理解，比如尝试一个新美食的时候，会觉得这个味道像我之前吃过的某种美食。再比如，我个人在使用一个新的电子产品的时候，就会在脑海里回忆之前自己是否用过类似的电子产品。

本书也会着重介绍移动端、前端开发的不同点，力求让读者理解大前端开发的差异。书中多个前端与移动端案例的对标，也可以作为读者日后进行大前端开发的参考文档。

读者对象

本书为大前端工程师的入门读物，前端、移动端工程师在阅读本书时，可以略过自己擅长的技术的相关内容。

本书主要面向以下三类读者。

第一类，完全没有基础但想要入门大前端的读者。本书通过"保姆式"教学，确保这类读者在对前端和移动端没有任何认知的情况下能够快速入门，培养学习兴趣，避免入门劝退。

第二类，工作一两年的前端或者移动端工程师，想要学习大前端技能，虽有一些技术基础但感觉完全无从下手。本书能够带领这类读者以非常平滑的方式进入学习，通过一个项目把常规大前端所要掌握的双端技术结合起来对比学习，达到事半功倍的效果。

第三类，有一端的技术但又想在自己不擅长的另一端有所突破的读者。本书可以帮助这类读者快速入门并建立信心。

阅读本书之前，期望你具备一定的前端、后端开发经验，至少有接口级别的后端服务经验。因为在第 9 章的数据请求环节，需要自己开发后端接口。

勘误与支持

我仅讲述了自己学习大前端技术的思路，如果有读者探索出了更好的思路，欢迎与我交流。你的建议将有助于我改进本书，并最终帮助到更多的人。如果你允许，我也期望在本书致谢中加上你的名字。我的电子邮箱是 978563552@qq.com。

实例代码说明

本书的实例代码是以 GitHub 上的开源项目 BigFont 为基础的。BigFont 项目遵循 MIT 协议开源，读者可以从 GitHub 平台上直接下载 BigFont 项目（https://github.com/qq978563552/BigFont），任何人都可以直接使用它或将它改造成自己想要的项目。建议对照开源项目代码阅读本书。

致谢

首先，要感谢本书策划编辑高婧雅，是她夜以继日地给我鼓励，帮我进行校对、勘误，助我完成本书。

此外要感谢给我写推荐语的几位专家，他们从读者定位、内容难易程度角度给了我非常多的建议。

同时要感谢我的第一本书的读者和我的学生们，是他们让我有勇气写完这本书，让我更加明确自己要写一本什么样的书。

感谢猿辅导的小伙伴们，这本书的大部分内容是我在猿辅导任职时完成的。田宝明、陈铁男、李松犁、强哥、烁爷、阳明、铭茗以及直播课堂全体小伙伴的帮助，让我在工作上游刃有余，从而有精力利用周末的时间创作此书。

感谢字节跳动的韩庆新工程师和贝壳找房的邹琴工程师，他们从我写第一本书开始就帮我做校对和试读工作。他们利用休息时间从读者角度出发，从头到尾通读了本书，帮我找出了一些读者关注但是我没有注意到的问题。

感谢王怀爽女士，她从测试工程师的角度帮我找出这本书对测试人员有价值的内容，让本书得以更完善。

最后要感谢我的家人，是他们在背后默默支持我。我因写作牺牲了很多陪伴他们的时间。

目 录 *Contents*

第 1 章 *Chapter 1*

快速了解大前端

我第一次听到"大前端"这个词的时候，还是在 2009 年的 D2 大会上，当时并不知道这个词的具体含义。后来随着我对手机应用的了解越来越多，才理解了"大前端"。本章将带领读者快速了解大前端的含义以及大前端工程师要解决的问题。

1.1 大前端能做什么

有人把前端＋移动端称为大前端，也有人把前端＋服务端称为大前端，或者把"前端＋移动端＋后端"称为大前端，后来又出现了全栈工程师的概念，以及所谓的泛前端概念。我们不争论具体哪个概念或者定义是正确的，只需要确认本书中所描述的大前端的含义是前端＋移动端即可。

前端工程师是开发浏览器中的应用的工程师。这些应用包括电脑上的浏览器中的应用、手机上的浏览器中的应用、车载设备上的浏览器中的应用或者其他设备上的类似浏览器中的应用，使用的编程工具大多为 JavaScript、HTML、CSS 等。React、Angular 等仅仅是为了提升前端工程师开发效率而发明的框架，理论上前端工程师还是在使用 JavaScript 这门语言进行开发工作。

移动端工程师是指为 iOS 系统、Android 系统或者其他移动终端系统开发应用的程序员。他们使用的主要编程语言是 Objective-C、Java 或者 Swift，主要是进行手机端、Pad 端或者智能设备（电视、冰箱、门锁等）端的原生 App 的开发。

"大前端"就是指直接面向客户的应用或者系统，比如网页、手机 App、Pad、桌面客户端的组合。大前端工程师就是能够开发其中两种或者两种以上系统应用的工程师。

1.2 前端和移动端工程师的另一条路

我之前作为一名前端工程师，在成长之路上也有很多的困惑，尤其在工作了 5～8 年之后，相信很多前端工程师都有这种困惑。有的前端工程师已经成为某个前端领域的专家或转向管理方向，但是大部分前端工程师还是找不到方向，又没有办法在技术上更进一步，只能被迫转行。因为超过一定年龄不再从事一线研发任务是一些公司的招聘法则。大多数前端工程师不是幸运儿，当前端工程师无法在技术深度上进一步成长，则获得职业广度上的成长就变成了另一条重要的成长道路，虽然这条路看起来也并不好走。

其实"端"上的技术学习有很多相似之处，尤其是前端和移动端的技术有非常多的共同点。比如：前端和移动端都有用户操作事件；移动端有用户展示界面和各种标签，而前端也有这些东西；前端工程师和移动端工程师的数据来源都是从后端工程师提供的接口获取的，有的公司里甚至前端和移动端工程师所使用的数据接口都是同一个。所以，前端、移动端工程师去学习对方知识会相对容易很多，因为前端和移动端大部分的知识点是类似的。

 知识拓展 数据接口是指在开发过程中端上工程师所需要的数据获取途径。通常情况下，我们使用的大多数手机 App 和网站都会依赖从后台数据接口返回的数据来进行展示。

1.3 为什么要成为大前端技术人员

在我们平时工作中有很多地方都需要大前端技术人员。举一个简单的例子，有一些前端和移动端的边界不太清楚且工作量又不是很多的工作，找谁处理呢？如果团队中既有前端工程师又有移动端工程师，那还好。但是只有前端工程师或者移动端工程师怎么办？我们总不能为了这一个小的技术需求就招聘一个专业人员吧。这势必让团队领导为难。

　　我认为上面所说的需要大前端的理由只是其中一点，还有一点是在开发中经常会涉及各种各样的技术方案，这些技术方案如果基于单一端的经验就会少了非常多的可能性。其实这对于项目架构层面是非常严重的损失，甚至有时候会直接导致一个方案流产。

　　我还是拿一个真实案例来进行说明。我在之前工作的一家公司做移动端的监控，其中有一个需求是在监控 App 中嵌入 H5 的 Ajax 数据。做监控的移动端工程师冥思苦想也没找到办法，因为翻遍移动端 API 也没有找到监控 WebView 数据请求的 API。

　　后来他们找到了我，我当初给的方案是，移动端向前端注入一段 JavaScript 代码，这段代码会绑定 WebView 默认的 XMLHttpRequest 对象，然后获取 H5 页面中的接口返回数据，最后通过调用移动端挂载到 WebView 中 window 上的原生函数，把返回结果传递给原生 App 就可以了，具体方案如图 1-1 所示。

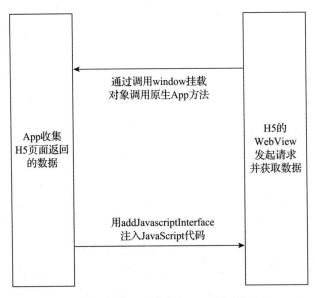

图 1-1　拦截 H5 请求的 App 上报方案

从图 1-1 中可以看到，方案本身并不复杂，仅仅需要一点想象力，还要同时具备前端和移动端的知识。而平时工作中由于不知道大前端的相关知识，估计都不清楚自己错过了多少优秀方案。这也是为什么要成为大前端工程师的另一个原因。

1.4 前端和移动端工程师面对的困难

任何工程师都会遇到成长天花板的问题，端上的同学尤为明显。我从工作到现在共经历过 3 个瓶颈，下面我就来介绍一下。

在刚刚步入职场两年后，我碰到了自己的第一个瓶颈。在掌握了 React、Angular 或者其他的开发框架之后，我会感觉自己做需求竟然如此简单。这种感觉让我陷入迷茫，误以为前端开发本身就是这么简单。通常情况下，大多数前端工程师会自己突破第一个瓶颈，如何突破的呢？主要是掌握一个特色技术。其实就是前端工程师找到了一个自己主攻的技术方向，并且在这个方向上做得有声有色，在自己专长的技术方向上，比如前端性能、前端工程化、前端动效、前端架构设计等方向，其他相同工作年限的前端工程师没办法与自己媲美。

移动端工程师也会有类似的问题。拿 Android 端举例，刚进职场，熟悉了常规 App 开发知识和流程，会运用 4 大组件、Fresco、Retrofit、ViewHolder 等常规移动端脚手架或技巧后，移动端工程师也可能会陷入迷茫。但是因为移动端工程师的学习曲线相对前端工程师的较为平缓一点（我个人理解），所以这个阶段的突破更容易一点，因为平缓的学习曲线会让移动端工程师更早洞察到自己适合突破哪个领域。

经历了第一个瓶颈之后，大部分工程师会在此方向耕耘 3～5 年，有的甚至耕耘更长时间，让自己变成一位该技术方向的意见领袖。

 提示　端上工程师泛指前端工程师、移动端工程师和桌面端工程师。

第二个瓶颈是当一个端上工程师拥有了 3～8 年工作经验后，失去了技术成长的方向。很多工程师在整个职业生涯中都没有拓宽自己的新的技术边界。

第三个瓶颈是，作为大前端负责人只有一端的经验，当自己不擅长的领域出现问题时，只能把问题交给别人。这也是移动端或前端工程师在这个岗位上遇到的最大困难。

1.5　快速掌握大前端技术的方法

其实学习一种新的知识（不论是技术栈，还是新的脚手架等），最快的方法就是通过对比未知知识与已知知识进行学习。

比如在前端开发中经常会出现的概念页面，页面之间可以相互跳转，并且在跳转的过程中可以通过 URL 的方式进行参数传递，也叫传值。

在移动端也有一个页面的概念，在 Android 系统中是 Activity，不同 Activity 之间也是可以相互跳转的，Activity 跳转的过程中也可以进行参数传递，也叫传值，只不过传值的方式稍有不同，Activity 的传值方式是通过 Intent 类进行，并且 Intent 同样支持以 Key/Value 的方式传值。Intent 所能传递的值的类型更多样化，如图 1-2 所示。

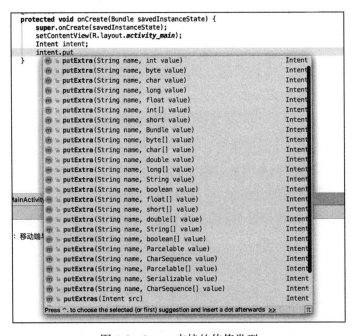

图 1-2　Intent 支持的传值类型

图 1-2 是我们开发 Android 端应用时所用到的 IDE 截图，这个 IDE 叫 Android Studio。我们观察到，Intent 可以传递各种类型的数据，比如 Serializable（Java 特性）或者 Parcelabel（Android 特性）这种序列化数据，还有 boolean（布尔型）数据。

除了页面之外，前端和移动端还有非常多的类似知识点，比如：前端文本与移动端文本、前端布局方式与移动端布局方式、前端图片与移动端图片、前端事件与移动端事件等。有了这些相同点，大家理解大前端就容易多了。

2020 年 3 月的"数据中国"给出的国内手机操作系统占比中，Android 系统占比为 78.4%，iOS 系统占比为 21.5%，还有剩下的 0.1% 为 Windows 系统。此外，在德国、美国、日本等世界上多数国家中 Android 系统占比也都远远超过 iOS 系统占比。所以本书中的移动端开发将以 Android 为例讲解。

现在市面上优秀的前端框架比比皆是，如 React、Angular 等，但是由于移动端读者可能没有接触过前端开发，因此除了掌握 HTML、CSS、JavaScript 之外，还需要学习开发框架如何使用，这会大大增加读者的学习成本。本书建议读者在掌握最基础的前端技能之后，再去尝试掌握框架层面的应用，所以本书不会讨论框架层面的问题。所有的前端知识、移动端知识均以"原生"为准，也就是除了官方提供的 API 之外，不使用任何第三方框架或脚手架。

提示 本章以后的内容在提及移动端时，如无特殊说明，均为 Android 端。

研发人员在学习新的技术栈时，肯定需要通过实现一个需求来学习的，在本书中我们会以一个微型电商的案例来分析。

在掌握了本书所讲述的技能之后，读者就具备搭建一个微型电商 Web 前端页面和一个 Android 客户端的能力，并且在思考跨端技术方案或者大前端技术方案时有更开阔的思路。

注意 对技术人员来讲，一项新技术的掌握要靠长期的技术打磨，切不可认为读了本书后就万事大吉，本书仅仅是为了帮助大家跨过"入门门槛"。

1.6　小结

本章通过介绍大前端的含义以及大前端工程师要解决的问题，来强调大前端的价值以及单一端工程师的弊端和后续职业发展瓶颈的问题。本章还介绍了快速掌握大前端技术的方法、收益等。从第 2 章开始，本书正式介绍大前端技术。

前端页面与移动端页面

任何一端的技术都无法脱离内容的承载体，我们在本书中把这些内容承载体暂定为"页面"。前端页面和移动端页面有所不同，本章将分别介绍这两种页面的基础知识。

2.1 前端页面 HTML

通常情况下，前端页面主要指的是用户可以看到的 HTML 页面，也就是一个 HTML 为后缀的文件被浏览器解析出的界面。这里所说的"页面"并不是传统的前端页面，而是泛指所有承载内容的容器，比如桌面客户端的操作界面可以称为页面，手机 App 上的操作界面也可以统称为页面。

2.1.1 HTML 使用场景

HTML 页面是开发者开发任何前端功能时都必须使用的基础页面，比如电商平台需要一个登录页面，那开发者可能就需要开发一个 login.html，如果需要一个购物页面，可能就需要开发一个 shop.html 页面。当然也可以使用现在市面上比较多的、支持单页应用的框架来实现，这样就不需要这么多 HTML 文件了。

　　单页应用的好处是，页面每次切换跳转时，并不需要进行一个 HTML 文件的请求，这样就节约了很多 HTTP 发送时间，我们在切换页面的时候速度会很快。另外，单页应用也有多模块复用、解耦等多重好处。其缺点是对 SEO 不太友好，首屏、白屏时间会比单页应用长一些。

　　本书将不讨论单页应用（单页应用不涉及页面跳转），主要以多页 HTML 这种传统、原始的开发方式带大家了解前端知识。

> **注意** 目前市面上已经出现了大量优秀的前端框架，但是对于移动端工程师来说，使用前端框架增加了移动端工程师的学习成本。另外，我们也不知道这些前端框架还能流行多久。为避免后续给读者造成不必要的学习成本和麻烦，我们使用最原始的前端开发方法，甚至不使用 Webpack 这类构建工具。（目前最原始的浏览器 API 层面的修改近 20 年都没有大的变化，大部分变化都仅仅是添加新的 API，很少移除。）

2.1.2　HTML 的常规配置

　　每个 HTML 页面中都有一些自己常用的配置。我们先创建一个 HTML 文件来作为商品页，然后加入一些常规页面配置，具体如代码清单 2-1 所示。

代码清单2-1　常规HTML配置实例

```html
<!doctype html>
  <html>
  <head>
    <meta charset="utf-8">
    <meta name="viewport" content="width=device-width, initial-scale=1,
        maximum-scale=1, user-scalable=no">
    <meta name="description" content="电商">
    <meta property="og:type" content="article">
    <meta property="og:title" content="我是标题">
    <meta property="og:url" content="https://www.xxxxx.com">
    <meta property="og:description" content="我是内容">
  </head>
```

```
    <body>
        我是商品页
    </body>
</html>
```

接下来我们详细解释一下代码清单 2-1 中的代码的含义。所有的 HTML 文档都要以 <html> 标签进行包装，!doctype 是声明以 HTML5 的标准让浏览器解析 HTML 文档中出现的内容，<!doctype> 声明没有结束标签且对大小写不敏感，所以也可以写成 <!DOCTYPE>。

HTML 文档的设置都是以 <head> 标签包裹起来的，通过 <meta> 标签来进行具体描述。

比如 <meta charset="utf-8">，charset 属性是 HTML5 中的新属性，它替换了之前的 <meta http-equiv="Content-Type"content="text/html; charset=UTF-8">，也就是 HTML4.01 的老标准。它的主要功能是告知浏览器此页面属于什么字符编码格式，charset="utf-8" 配置则是建议浏览器以 utf-8 这种编码方式进行解析。

name="viewport" 主要是对浏览器解析文档做了窗口和缩放的设置，width=device-width 是告诉浏览器以设备宽度作为浏览器窗口宽度，initial-scale=1 是告诉浏览器初始设置缩放比例为 1，即不缩放。maximum-scale=1 是告诉浏览器最大的缩放比例为 1。user-scalable=no 是告诉浏览器不允许用户进行缩放。

除了这些，我们再看看 meta 的 og 属性。这个属性其实就是为了让搜索引擎或者爬虫软件尽可能地获取本页面中的内容。

知识拓展　og 是一种新的 HTTP 头部标记，即 Open Graph Protocol。这种协议可以让网页成为一个"富媒体对象"。

用了 Meta Property=og 标签，就代表你同意自己的网页内容可以被其他网站引用。使用 Open Graph Protocol 的好处：百度的搜索引擎能够正确抓取内容，帮助内容更有效地在百度结构化展现。

为了方便我们更直观地看到页面，在代码清单 2-1 中还加了"我是商品页"。我们将在 2.4 节中展示各个页面浏览器中的结果。

2.1.3　HTML 的跳转方法

HTML 页面的跳转方法主要分两种：第一种叫作原页面跳转，另一种叫作新页面跳转。下面就来介绍一下这两种页面跳转的方法和区别。

原页面跳转其实就是通过更改当前浏览器地址栏中的 URL 地址来实现跳转，把当前页面定位到另一个站点或者页面。我们通常使用 window.location 对象实现，或者使用 a 标签进行跳转。下面我们分别看一下这两种方法的代码实现。

window.location 对象的原页面跳转方法实现如代码清单 2-2 所示。

代码清单2-2　window.location原页面跳转

```html
<!doctype html>
<html>
    <head>
        <meta charset="utf-8">
        <meta name="viewport" content="width=device-width, initial-scale=1,
            maximum-scale=1, user-scalable=no">
        <meta name="description" content="电商">
        <meta property="og:type" content="article">
        <meta property="og:title" content="我是标题">
        <meta property="og:url" content="https://www.xxxxx.com">
        <meta property="og:description" content="我是内容">
    </head>
    <body>
        我是商品页
    </body>
<script>
window.location.href = "http://www.baidu.com"
</script>
</html>
```

这段代码会在用户访问这个页面之后立刻跳转到百度首页，不需要其他操作。还有一种方法——使用 a 标签，如代码清单 2-3 所示。

代码清单2-3　a标签原页面跳转

```html
<!doctype html>
    <html>
    <head>
        <meta charset="utf-8">
        <meta name="viewport" content="width=device-width, initial-scale=1,
```

```
        maximum-scale=1, user-scalable=no">
    <meta name="description" content="电商">
    <meta property="og:type" content="article">
    <meta property="og:title" content="我是标题">
    <meta property="og:url" content="https://www.xxxxx.com">
    <meta property="og:description" content="我是内容">
</head>
<body>
<a href="http://www.baidu.com">我要跳转百度</a>
</body>
</html>
```

a 标签方式与 window.location 最大的区别就是，window.location 不需要用户做任何操作，但是 a 标签需要用户点击一下。当我们访问代码清单 2-3 所描述的页面时，会看到图 2-1 所展示的页面，点击"我要跳转百度"链接，就会看到图 2-2 所展示的界面。细心的人可以发现，在图 2-2 左上角处的浏览器的后退按钮是可操作的状态，即无论页面跳转方式是 a 标签方式还是 window.location 方式，跳转都可以后退。

图 2-1   a 标签跳转

图 2-2   开发机的图标界面（PC 开发机）

下面介绍前端页面的新页面跳转。新页面跳转与原页面跳转之间的差异在于，新页面跳转不能后退并且会产生一个新的页面，新的页面会跳转到目标地址。所以跳转新页面也可以称为打开新页面。在浏览器的 window 对象中有一个实现该功能的函数，它就是 window.open()。让我们看一下代码实现，如代码清单 2-4 所示。

代码清单2-4　window.open实现

```
<!doctype html>
    <html>
        <head>
            <meta charset="utf-8">
            <meta name="viewport" content="width=device-width, initial-scale=1,
                maximum-scale=1, user-scalable=no">
            <meta name="description" content="电商">
            <meta property="og:type" content="article">
            <meta property="og:title" content="我是标题">
            <meta property="og:url" content="https://www.xxxxx.com">
            <meta property="og:description" content="我是内容">
        </head>
        <body>
            我是商品页
        </body>
    <script>
    window.open(http://www.baidu.com)
    </script>
    </html>
```

当我们访问代码清单 2-2 实现的这个页面的时候，浏览器会打开一个新的浏览器页面，并且这个页面的 URL 地址会指向 www.baidu.com。

那么 a 标签的新页面跳转是如何实现的呢？具体如代码清单 2-5 所示，a 的新页面跳转只需要加入一个 target 属性，并且把它的值设置为 _blank，就可以达到跳转新页面的效果了。

代码清单2-5　a标签新页面跳转

```
<!doctype html>
    <html>
        <head>
            <meta charset="utf-8">
            <meta name="viewport" content="width=device-width, initial-scale=1,
```

```
            maximum-scale=1, user-scalable=no">
        <meta name="description" content="电商">
        <meta property="og:type" content="article">
        <meta property="og:title" content="我是标题">
        <meta property="og:url" content="https://www.xxxxx.com">
        <meta property="og:description" content="我是内容">
    </head>
    <body>
        <a href=http://www.baidu.com target=_blank>我要跳转百度</a>
    </body>
</html>
```

2.1.4 HTML 的生命周期

每个承载操作界面的页面都有自己的生命周期，通常情况下，生命周期会提供一些钩子（前端中有时候也称“回调函数”），我们可以在浏览器提供的 HTML 页面钩子中来做一些初始化或者对应场景的处理。表 2-1 中是一些常用的前端生命周期钩子。

表 2-1　HTML 生命周期钩子的状态方法和具体用处

状态方法	具体表述	具体用处
DOMContentLoaded	浏览器已经完全加载了 HTML，dom 树已经构建完毕，但诸如 <img> 和样式表等外部资源可能并没有下载完毕	dom 加载完毕，可以通过 JavaScript 操作所有 dom 节点。主要应用在初始化界面时，比如，用户在 HTML 文档加载完毕时优先加载登录逻辑，再如在直播场景下，加载播放器的通用依赖
load	浏览器已经加载了所有的资源（图像、样式表等，但是不包括视频完整文件）	附加资源已经加载完毕，可以在此事件触发时获得图像的大小（如果没有在 HTML/CSS 中指定），比如在此阶段可以进行页面加载数据上报等操作
beforeunload/unload	当用户离开页面时触发	用户正在离开页面，可以询问用户是否保存了更改以及是否确定要离开页面

表 2-1 是 HTML 的 3 个最常用的生命周期钩子，除了这 3 个最常用的钩子外，onerror、onresize 等很多都是 HTML 的生命周期关键钩子，只不过 onerror 是在页面出现报错的时候触发，而 onresize 是在用户操作的浏览器窗口大小发生改变的时候才触发，此类钩子在生命周期中不常出现。

2.2　移动端页面 Activity

在移动端的 Android 操作系统中也必须要有承载操作页面（也称容器），它的名字叫作 Activity，几乎所有的 Android 应用程序都需要 Activity。就好比我们在编写前端程序时，所有的界面、逻辑都要放在 HTML 中一样。

 注意　前端的代码逻辑以及样式表可能会以单独的 .js 文件或者 .css 文件方式进行存储，但是在浏览器中，这两个文件类型必须引入到 HTML 中才可以被浏览器解析。

2.2.1　Activity 的使用场景

Activity 的使用场景其实可以归结为一句话，只要有界面展示，我们就需要它。虽然我们把 Activity 与 HTML 进行对比学习，但是还需要了解 Activity 与 HTML 的不同之处。

第一个不同是 package 的概念。在 Android 开发中，package 有很多作用，比如把 package 理解成一个功能的集合，标识 App 所属公司或组织，或者作为引入文件的路径标识或者文件系统路径。比如图 2-3 中，com.example.chenchen.book 其实就是一个 package，com.example.chenchen.book 是该 package 所在的路径。但是在前端开发概念中，HTML 本身并没有 package 的概念，通常情况下，我们把 HTML 引入某个文件的引入地址为 HTML 的文件路径。

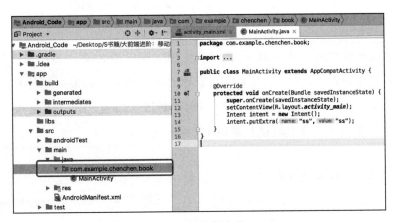

图 2-3　Android 程序中的 package

第二个不同是布局文件。用户界面通常情况下通过标签的方式直接写在 HTML 文件中，但是我们不能直接把布局文件标签写在 Activity 中。

> 注意　我们可以引入 Android 的各种标签类，通过动态添加画布的方式将其添加到界面中。前端界面也可以这样做，现在市面上流行的 React、Angular 等都是使用这种方法对界面进行绘制的。

Android 本质上是一个 Java 类，这个 Java 类通常继承了 AppCompatActivity 类。当我们要对界面进行渲染的时候，需要先设置一个布局文件到 Activity 中，在图 2-3 所示的代码中，代码 setContentView(R.layout.activity_main) 就是设置画布的。这个画布的路径通常会在项目路径的 /res/layout/ 下，如图 2-4 所示，activity_main.xml 文件目前就是 App 的唯一布局文件。

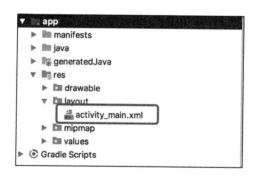

图 2-4　Android 布局文件 activity_main.xml 路径

> 注意　当 Android 应用程序被编译时，会自动生成一个 R 类，其中包含了所有 res/ 目录下资源的 ID，如布局文件、资源文件、图片（values 下所有文件）的 ID 等。在编写 Android 应用需要用到这些资源的时候，你可以使用 R 类，通过子类＋资源名或者直接使用资源 ID 来访问资源。

接下来在 Android Studio 中打开这个文件，文件中的代码如图 2-5 所示。图 2-5 左侧为 activity_main.xml 布局文件代码，右侧为该布局文件的预览效果，我们也可以这样理解：右侧所展示的界面就是 activity_main.xml 展示在手机 App 上的界面。

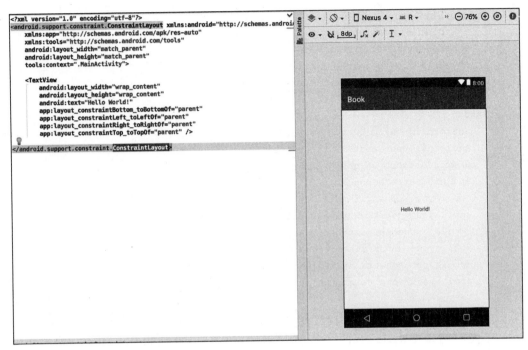

图 2-5 Android 布局文件 activity_main.xml 内容

接下来让我们共同分析一下 activity_main.xml 文件的具体内容。第一行代码 <?xml ver-sion="1.0" encoding="utf-8"?> 主要是声明 xml 文件的版本，以及具体编码字符集。类似 2.1.2 节介绍的 <!doctype html> 和 <meta charset="utf-8">。

第 2 行中的 android.support.constraint.ConstraintLayout 其实是一种布局方式，叫作约束布局，与 android.support.constraint. RelativeLayout 类似，几年前 Android 开发者更习惯使用 RelativeLayout 来进行相对布局。对比前端来说，我们可以把这种布局方式理解为一个 HTML 页面设置了 position: relative 属性，也就是页面中的子元素设置了相对布局方式。不同的地方是，android.support.constraint.ConstraintLayout 可以通过角度约束的方式来对 activity_main.xml 中的内容进行布局。这里我们可以让大家感受一下 Android 布局，先观察代码清单 2-6。

代码清单2-6　ConstraintLayout布局

```
<Button
    android:id="@+id/button_first"
```

```
        android:layout_width="wrap_content"
        android:layout_height="wrap_content"
        android:text="first"
        app:layout_constraintStart_toStartOf="parent"
        app:layout_constraintEnd_toEndOf="parent"
        />
<Button
        android:id="@+id/button_second"
        android:layout_width="wrap_content"
        android:layout_height="wrap_content"
        android:text="second"
        app:layout_constraintCircle="@+id/button_first"
        app:layout_constraintStart_toStartOf="parent"
        app:layout_constraintEnd_toEndOf="parent"
        app:layout_constraintBottom_toTopOf="parent"
        app:layout_constraintCircleAngle="120"
        app:layout_constraintCircleRadius="100dp"
        />
```

在代码清单 2-6 中，有两个按钮元素 <Button>，分别叫 first 和 second，其他属性先不用关注，因为我们会在第 3 章进行详细介绍，现在只看 constraintCircle-Angle = 120 和 constraintCircleRadius = 100dp 就可以了。这两个属性表达的含义是以 first 的 <Button> 标签为圆心点，然后在 first 的 <Button> 标签 120 度的方向，且两个标签的圆心点相距 120dp 的地方展示 second 的 <Button>。页面具体展示成什么样子，我们可以通过 Android Studio 的预览部分看一下，如图 2-6 所示。

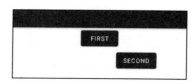

图 2-6　ConstraintLayout 约束布局样例

> 🛈 注意　角度和距离的计算都依赖于 <Button> 标签的中心点，也就是垂直、水平方向都是中心的点，constraintCircleAngle=120 是 Android 中特有的度量单位，是一种相对设备像素。关于 dp 部分内容可参见 3.2.3 节，此处只需要理解它是一种度量单位即可。

至于 xmlns:android="http://schemas.android.com/apk/res/android"，则是 xml 关于命名空间的定义，主要是防止 xml 的命名冲突。http://schemas.android.com/apk/res/android 看起来是一个访问地址，但是其实访问不了，它也是一个语法文件标识，有了它之后你在输入"android:"的时候，就会弹出这个命名空间下的对应属性，如图 2-7 所示。

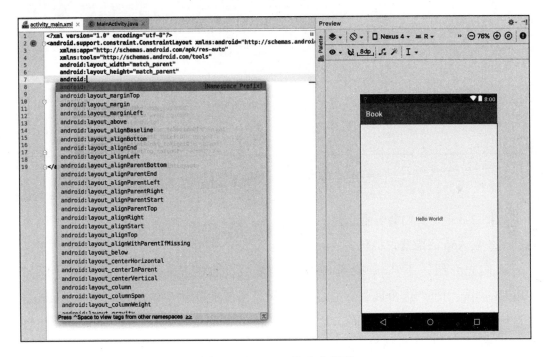

图 2-7　"android:"命令提示

Activity 和它所依赖的布局文件介绍到这里就结束了，接下来会介绍 Activity 的常规配置。

2.2.2　Activity 的常规配置

前端的 HTML 会把页面配置放在各个页面自己的 .html 文件中，Android 的 Activity 则不同，它的配置都存放在一个名为 AndroidManifest.xml 的文件中，如图 2-8 所示。

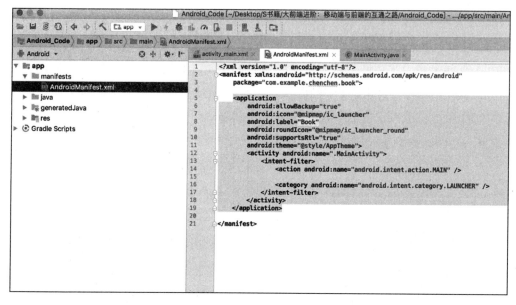

图 2-8   AndroidManifest.xml 文件内容

在图 2-8 中，我们会着重介绍一下 <application> 标签的配置，这个标签主要包含
Android 端 App 的配置，也包含 App 中所有 Activity 的配置。

我们先介绍一下 <application> 标签的配置，也就是 App 全局的配置。比如
allowBackup="true" 这个属性，它主要是开启系统的默认备份功能。这是 Android
2.2 中引入的一个系统备份功能，允许用户备份系统应用和第三方应用的 apk 安装包
和应用数据，以便用户通过 adb backup 和 adb restore 来备份和恢复应用数据。第三
方应用开发者需要在应用的 AndroidManifest.xml 文件中配置 allowBackup 标志（默
认为 true），设置应用数据是否能够被备份或恢复。

android:icon="@mipmap/ic_launcher" 这个属性是配置 App 在 launcher 界面的展
示图标。Mipmap 是一个图片存放的具体文件夹，图片的名字是 ic_launcher（这里引
入图片的时候是不加图片后缀名的）。

android:label=book 其实调用的是 String 文件中的 app_name 变量，实际的写法是
android:label="@string/app_name"，只不过 Android Studio 为了方便用户查看就直接
显示了 book。其实在 Android App 编码过程中会专门有一个文件存储这些可能会被很
多地方用到的键 – 值对，该文件的路径是 res/values/strings.xml，如图 2-9 所示。

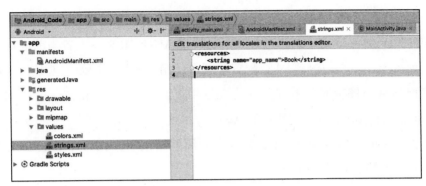

图 2-9　strings.xml 键 – 值对文件

android:roundIcon = "@mipmap/ic_launcher_round" 是配置一个圆形图标，功能与 android:icon="@mipmap/ic_launcher" 类似，只不过在 Android 8.0 以上版本中会支持用户定义一个椭圆形的图标，并且在 launcher 中展示出来。

android:supportsRtl="true" 属性是 Android 4.2 以后才有的，并且默认是 false，主要功能是把从左到右的布局翻转成从右到左，其实这个属性类似前端属性中的 direction: rtl。只不过 direction 是对特定的容器设置的，而 android:supportsRtl="true" 是面向整个 App 设置的。

android:theme="@style/AppTheme" 属性的主要功能是选择一个 App 默认的主题样式，当然这个主题用户可以自定义，它有点类似前端的 Bootstrap 主题脚手架，可以选择一些预设的主题来丰富移动端的操作界面。

剩下的 <Activity> 标签以及里面的内容如代码清单 2-7 所示。第一行代码中的 android: name=".MainActivity" 声明一个叫作 MainActivity 的类，这里要记住每一个 App 中的 Activity 都需要在 AndroidManifest.xml 中声明，否则在我们编译 App 时会出现编译不通过的情况。

代码清单2-7　<Activity>标签配置

```
<activity android:name=".MainActivity">
    <intent-filter>
        <action android:name="android.intent.action.MAIN" />
        <category android:name="android.intent.category.LAUNCHER" />
    </intent-filter>
</activity>
```

代码清单 2-7 中第 3 行的 android.intent.action.MAIN 是设置当前 Activity 作为整个 App 的入口。第 4 行的 android.intent.category.LAUNCHER 是设置当前应用程序优先级最高的 Activity，通常与第 4 行配置项配合使用。所达成的效果就是，当用户点击手机界面的 App 图标时，手机会启动 App 中设置了 android.intent.action.MAIN 和 android.intent.category.LAUNCHER 的 Activity。

至此 Android 的 Activity 的常规配置的介绍就结束了，2.2.3 节将会介绍如何在 Android 页面中进行 Activity 跳转。

2.2.3　Activity 的跳转方法

所有页面都会涉及多个页面之间的跳转，和前端的 HTML 跳转一样，只不过移动端页面的跳转是 Activity 之间的跳转，并且 Android App 的跳转也是可以传递参数的。

下面我们先实现一个从一个 Activity 跳转到另一个 Activity 的操作，实现这个操作要 4 步。

第 1 步，新建两个 Activity。本书前面介绍过，但凡有界面的地方就一定有 Activity，况且我们要实现的功能还是一个 Activity 跳转到另一个 Activity，所以第一步要新建两个 Activity。在项目的 com.example.chenchen.book 下创建两个文件，一个是 AActivity.java，另一个是 BActivity.java，如代码清单 2-8、代码清单 2-9 所示。

代码清单2-8　AActivity代码实现

```
package com.example.chenchen.book;

import android.os.Bundle;
import android.support.v7.app.AppCompatActivity;

public class AActivity extends AppCompatActivity {

    @Override
    protected void onCreate(Bundle savedInstanceState) {
        super.onCreate(savedInstanceState);
        setContentView(R.layout.activity_a);
    }
}
```

代码清单2-9　BActivity代码实现

```
package com.example.chenchen.book;

import android.os.Bundle;
import android.support.v7.app.AppCompatActivity;

public class BActivity extends AppCompatActivity {

    @Override
    protected void onCreate(Bundle savedInstanceState) {
        super.onCreate(savedInstanceState);
        setContentView(R.layout.activity_b);
    }
}
```

代码清单 2-8、代码清单 2-9 就是我们新建一个 Android 项目时，默认创建的 Activity 的代码。大家看到代码清单 2-8 和代码清单 2-9 中都有一行代码执行了 setContentView() 的函数，setContentView() 函数就是我们之前提过的设置 App 的界面文件。

第 2 步，我们需要编写两个 xml 文件，作为 AActivity 和 BActivity 的界面。AActivity 对应的界面文件名字叫 activity_a.xml，具体的代码实现见代码清单 2-10。

代码清单2-10　activity_a.xml代码实现

```
<?xml version="1.0" encoding="utf-8"?>
    <android.support.constraint.ConstraintLayout xmlns:android="http://schemas.
        android.com/apk/res/android"
        xmlns:app="http://schemas.android.com/apk/res-auto"
        xmlns:tools="http://schemas.android.com/tools"
        android:layout_width="match_parent"
        android:layout_height="match_parent"
        tools:context=".MainActivity">

        <TextView
            android:layout_width="wrap_content"
            android:layout_height="wrap_content"
            android:text="我是AActivity"
            app:layout_constraintBottom_toBottomOf="parent"
            app:layout_constraintLeft_toLeftOf="parent"
            app:layout_constraintRight_toRightOf="parent"
            app:layout_constraintTop_toTopOf="parent" />
```

```xml
<Button
    android:layout_width="150dp"
    android:layout_height="30dp"
    android:text="跳转到B"
    android:id="@+id/toB"
    />

</android.support.constraint.ConstraintLayout>
```

  activity_a.xml 中的部分代码之前配置 Activity 时介绍过。代码清单 2-10 中需要关注的是 <Button> 标签，因为当我们从 AActivity 跳转到 BActivity 的时候需要点击这个按钮触发跳转事件，另外在 <Button> 标签中出现了之前没有见过的属性，就是 id。这个属性声明了 <Button> 标签的 id 为 toB，后续我们在 Activity 中编写逻辑代码的时候，可以通过查找界面的 xml 中 id 为 toB 的标签来获取这个 <Button> 标签。（id 在绑定事件的时候比较常用。）

  相比之下，activity_b.xml 的代码就简单一点，就只有一个 <TextView> 标签，用于标记展示的 Activity 是 AActivity 还是 BActivity，具体如代码清单 2-11 所示。

代码清单2-11　activity_b.xml代码实现

```xml
<?xml version="1.0" encoding="utf-8"?>
    <android.support.constraint.ConstraintLayout xmlns:android="http://schemas.
        android.com/apk/res/android"
        xmlns:app="http://schemas.android.com/apk/res-auto"
        xmlns:tools="http://schemas.android.com/tools"
        android:layout_width="match_parent"
        android:layout_height="match_parent"
        tools:context=".MainActivity">

        <TextView
            android:layout_width="wrap_content"
            android:layout_height="wrap_content"
            android:text="我是BActivity"
            app:layout_constraintBottom_toBottomOf="parent"
            app:layout_constraintLeft_toLeftOf="parent"
            app:layout_constraintRight_toRightOf="parent"
            app:layout_constraintTop_toTopOf="parent" />

</android.support.constraint.ConstraintLayout>
```

　　第 3 步，为 AActivity 界面中的按钮添加点击事件，具体如代码清单 2-12 所示。在代码清单 2-12 中，先找到要绑定事件的标签，即之前设置 id 属性的那个按钮。在 Android 编程过程中，大多数 xml 界面文件中的标签获取都是通过 findViewByIdid 函数来进行获取，然后把对应属性的 id 当作参数传入到函数中就可以了。

　　之后，通过 setOnClickListener 函数绑定这个按钮的点击事件，并在点击事件里加入跳转的功能代码。我们通过创建 Intent 对象的方式来实现，Intent 初始化的时候会传入两个参数，第 1 个参数为当前 AActivity 的上下文，也就是 AActivity.this 属性，第 2 个参数是目标 Activity 的 class 属性，也就是 BActivity.class。启动跳转的操作通过 AActivity.this.startActivity() 函数实现，把我们刚刚初始化的 Intent 传入 AActivity.this.startActivity() 函数中，就能实现界面从 AActivity 跳转到 BActivity。

代码清单2-12　　AActivity.java代码实现

```
package com.example.chenchen.book;

import android.content.Intent;
import android.os.Bundle;
import android.support.v7.app.AppCompatActivity;
import android.view.View;
import android.widget.Button;

public class AActivity extends AppCompatActivity {
    AActivity mContext = this;
    @Override
    protected void onCreate(Bundle savedInstanceState) {
        super.onCreate(savedInstanceState);
        setContentView(R.layout.activity_a);
        Button button = findViewById(R.id.toB);
        button.setOnClickListener(new View.OnClickListener() {
            @Override
            public void onClick(View v) {
                Intent intent = new Intent(AActivity.this,BActivity.class);
                mContext.startActivity(intent);
            }
        });
    }
}
```

但是在这个时候，并不代表 AActivity 跳转 BActivity 这个功能就做完了，因为我们还没有更改启动时的 Activity 配置。该配置在 2.2.2 节提到的文件 AndroidMani-fest.xml 中，所以第 4 步需要把 intent-filter 标签以及里面的嵌套标签用 AActivity 的 <Activity> 标签包裹起来，具体修改代码如代码清单 2-13 所示。

代码清单2-13　修改App启动入口为AActivity

```xml
<?xml version="1.0" encoding="utf-8"?>
<manifest xmlns:android="http://schemas.android.com/apk/res/android"
    package="com.example.chenchen.book">

    <application
        android:allowBackup="true"
        android:icon="@mipmap/ic_launcher"
        android:label="@string/app_name"
        android:roundIcon="@mipmap/ic_launcher_round"
        android:supportsRtl="true"
        android:theme="@style/AppTheme">
        <activity android:name=".MainActivity">

        </activity>
        <activity android:name=".AActivity">
            <intent-filter>
                <action android:name="android.intent.action.MAIN" />

                <category android:name="android.intent.category.LAUNCHER" />
            </intent-filter>
        </activity>
        <activity android:name=".BActivity">
        </activity>
    </application>

</manifest>}
```

当我们把上面这些配置文件配置完成之后，在启动 App 时就默认会启动 AActivity，启动之后的界面如图 2-10 所示。

在图 2-10 界面中点击"跳转到 B"选项后，我们就会看到图 2-11 中的界面。到这里，Activity 之间的基础跳转就完成了。

图 2-10　App 启动时的 AActivity 界面　　图 2-11　AActivity 跳转到 BActivity 之后的界面

2.2.4　Activity 的生命周期

Android 系统中的"页面"（也就是 Activity）的生命周期，与 2.1.4 节中介绍的 HTML 生命周期类似。图 2-12 为 Android 官方网站上的生命周期，图中已经较为清晰地表达了 Android 的 Activity 的生命周期流程。

表 2-2 为读者详细归纳了常用的 6 种生命周期状态：onCreate、onStart、onResume、onPause、onStop 和 onDestroy。

表 2-2　Activity 状态方法和具体用处

状态方法	具体表述	具体用处
onCreate	onCreate 函数是在 Activity 初始化时调用的。通常需要在 onCreate 函数中调用 set ContentView(int) 函数填充屏幕的 UI，并通过 findViewById(int) 返回 xml 中定义的视图或组件的 ID。子类在重写 onCreate 函数时必须调用父类的 onCreate 函数，即 super.onCreate，否则会抛出异常。 　　通常情况下，在 Activity 生命周期中 onCreate 函数只触发一次，但是当 Activity 处于后台状态（用户不可见）下，并且存在 Android 系统的内存使用过高、占用时间过长等内存异常情况，Android 系统就会回收后台的 Activity，此时 Activity 也会重新调用 onCreate 函数	通常情况下，我们在 onCreate 函数中只进行 layout 布局文件的指定，很少会做延时或者长时间计算操作，因为 onCreate 方法的运行时间直接影响用户看到界面的时长，在 onStart 执行之前，用户通常看不到具体界面

（续）

状态方法	具体表述	具体用处
onStart	onStart 函数会在打开新的 Activity 的 onCreate 函数触发之后触发。如果说 onCreate 阶段是界面的装载，那么 onStart 阶段可以理解为数据的装载，大部分的数据初始化后，我们要把数据更新到界面上，这些操作都可以在这个阶段完成	通常情况下，我们在 onStart 中会进行一些数据的初始化，有时为了提高用户体验也会把"骨架屏"相关功能放入这里，当然如果页面界面中有些数据需要通过请求获取，也可以把此类功能放在 onStart 中。 用户在切换其他 Activity 之后，再次回到原本的 Activity 中，或者原本的 Activity 失去焦点后，重新获取焦点时，也会触发 onStart
onResume	onRestart 阶段是用户通过某种手段切换当前界面（跳转 App 的其他 Activity、其他 App、按手机 Home 键等），然后又重回回到原来 App 的原来界面时就会触发 onRestart（此种情况也会触发 onStart，不过 onRestart 会在 onStart 之前触发）。在 Activity 生命周期中，onRestart 可触发多次，当用户已经跳转到其他 Activity 时，触发回退键也会调用上一个 Activity 的 onRestart 函数	onRestart 阶段主要是为了让开发者在 Activity 重新获取到焦点（foreground）时，将发生改变的数据（如处于后台时）更新到界面上
onPause	onPause 与 onResume 相对，当用户失去焦点时会触发。如果 A Activity 调用 B Activity 情况下，在 A 的 onPause() 返回之后才会执行 B 的 onCreate。 在 Activity 生命周期中 onPause 可触发多次。当用户已经跳转到其他 Activity 时，触发回退键也会调用上一个 Activity 的 onResume 函数	通常情况下，在 onPause 中会将一些用户正在编辑或者操作的内容缓存，来避免 Activity 重新触发时导致编辑的临时数据丢失
onStop	onStop 与 onStart 相对，当 Activity 不可见时触发 onStop。在 A Activity 调用 B Activity 的情况下，在 B onResume 返回之后才会执行 A 的 onStop。 注意，Activity 被完全覆盖（不可见，仅在后台运行）。表示 Activity 即将停止或者完全被覆盖（Stopped 形态）。 在 Activity 生命周期中 onStop 可触发多次	既然 Activity 要被停止了，所以这也是我们存储该 Activity 相关数据最后的机会。我们尽量把在此 Activity 重新启动时需要的数据或者状态值保存起来
onDestroy	onDestroy 是 Activity 被调用之后的最后一个钩子函数。Activity 在触发之后，所有这个 Activity 的资源、内存等都会被回收。 注意，以下两种情况下 onDestroy 不会被触发。 情况一：Activity 被手机内存强制回收时，该 Activity 的 onDestroy 是不会被调用的。 情况二：外部强制关闭进程，或者异常崩溃的时候，即从后台直接清除	在 onDestroy 中处理的工作主要是在 Activity 要被销毁时，看看有哪些上下文引用或者未释放的类的引用，避免出现内存泄漏或者空指针问题

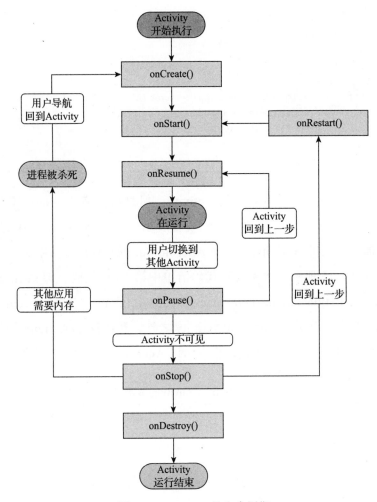

图 2-12　Activity 的生命周期

可能大家理解 onPause 和 onStop 这两个生命周期还有些困难，Activity 被遮挡是一个什么样的页面状态呢？大家对此并没有很直观的感受，接下来我们先通过一个小例子来介绍一下 onPause 和 onStop 生命周期。

我们需要一个透明的 Activity（TransparentActivity）来做 onPause 的遮挡实验，具体如代码清单 2-14 所示。

代码清单2-14　TransparentActivity实现

```
package com.example.chenchen.book;
```

```
import android.app.Activity;
import android.os.Bundle;

public class TransparentActivity extends Activity {
    @Override
    protected void onCreate(Bundle savedInstanceState) {
        super.onCreate(savedInstanceState);
        setContentView(R.layout.transparent);
    }
}
```

上述代码其实是一个非常简单的 Activity，但是可能有人会问：不是说遮挡的 Activity 吗？那应该是个透明的 Activity 或者展示一半的 Activity？我们之前提到，项目中每添加一个新的 Activity 就要在 AndroidManifest.xml 文件中添加一个项目声明，如代码清单 2-15 所示。大家观察代码清单中第 13 行代码，即 <activity android: theme="@android:style/Theme.Translucent" android:name=".TransparentActivity">，这行代码实际上除了声明 TransparentActivity 之外，还给这个 Activity 添加了一个主题（theme）——Theme.Translucent，它表示该 Activity 是一个全透明的 Activity。

代码清单2-15　Activity的透明设置

```xml
<?xml version="1.0" encoding="utf-8"?>
    <manifest xmlns:android="http://schemas.android.com/apk/res/android"
        package="com.example.chenchen.book">
        <application
            android:allowBackup="true"
            android:icon="@mipmap/ic_launcher"
            android:label="@string/app_name"
            android:roundIcon="@mipmap/ic_launcher_round"
            android:supportsRtl="true"
            android:theme="@style/AppTheme">
            <activity android:name=".MainActivity">
            </activity>
            <activity android:theme="@android:style/Theme.Translucent"
                android:name=".TransparentActivity">
            </activity>
            <activity android:name=".AActivity">
                <intent-filter>
                    <action android:name="android.intent.action.MAIN" />
                    <category android:name="android.intent.category.LAUNCHER" />
                </intent-filter>
```

```
        </activity>
        <activity android:name=".BActivity">
        </activity>
    </application>
</manifest>
```

　　紧接着我们需要在之前创建的 TransparentActivity 中添加一个布局文件——transparent.xml，其具体功能实现如代码清单 2-16 所示。TransparentActivity 的内容只有一行文字，主要是为了在展示该 Activity 时告诉用户：此 Activity 是透明的。

代码清单2-16　transparent.xml布局文件

```
<?xml version="1.0" encoding="utf-8"?>
<android.support.constraint.ConstraintLayout xmlns:android="http://
    schemas.android.com/apk/res/android"
    xmlns:app="http://schemas.android.com/apk/res-auto"
    xmlns:tools="http://schemas.android.com/tools"
    android:layout_width="match_parent"
    android:layout_height="match_parent"
    tools:context=".MainActivity">

    <TextView
        android:layout_width="wrap_content"
        android:layout_height="wrap_content"
        android:text="我是透明的Activity"
        android:textSize="20sp"
        app:layout_constraintBottom_toBottomOf="parent"
        app:layout_constraintLeft_toLeftOf="parent"
        app:layout_constraintRight_toRightOf="parent"
        app:layout_constraintTop_toTopOf="parent" />

</android.support.constraint.ConstraintLayout>
```

　　最后我们只需要更改一下代码清单 2-12 中的 AActivity 就可以完成这个实验了，具体更改之后的代码如代码清单 2-17 所示。首先我们在代码中加入了 onPause 和 onStop 这两个 Activity 中最常用的生命周期钩子，并且在对应的钩子中进行日志输出，紧接着添加了一个新的按钮事件，也就是 button_toast 按钮的事件，该事件完成了跳转透明 Activity 的操作。稍后将给大家演示 onPause 和 onStop 的触发操作。

代码清单2-17　添加跳转透明TransparentActivity之后的代码

```java
package com.example.chenchen.book;
import android.app.AlertDialog;
import android.content.Intent;
import android.os.Bundle;
import android.support.v7.app.AppCompatActivity;
import android.util.Log;
import android.view.View;
import android.widget.Button;
public class AActivity extends AppCompatActivity {
    AActivity mContext = this;
    private AlertDialog.Builder builder;
    @Override
    protected void onCreate(Bundle savedInstanceState) {
        super.onCreate(savedInstanceState);
        setContentView(R.layout.activity_a);
        Button button = findViewById(R.id.toB);
        Button button_toast = findViewById(R.id.toast);
        button.setOnClickListener(new View.OnClickListener() {
            @Override
            public void onClick(View v) {
                Intent intent = new Intent(AActivity.this,BActivity.class);
                mContext.startActivity(intent);
            }
        });
        button_toast.setOnClickListener(new View.OnClickListener() {
            @Override
            public void onClick(View v) {Intent intent= new Intent(mContext,
                Trans-parentActivity.class);
                startActivity(intent);
            }
        });
    }
    @Override
    protected void onPause() {
        Log.d("test_status","onPause");
        super.onPause();
    }
    @Override
    protected void onStop() {
        Log.d("test_status","onStop");
        super.onStop();
    }
}
```

在代码编写完毕后，直接运行这个实例，然后就会看到图 2-13 所示界面。与之前图 2-10 中内容不一样的地方是，图 2-13 中又多了一个"弹出透明 ACTIVITY"按钮。

紧接着我们按下这个按钮，就会看到如图 2-14，所展示的界面了。在图 2-14 中，我们可以观察到在手机界面中间又出现了一行字："我是透明的 Activity"，但是也能看到"我是 AActivity"字样，其实这是透明的 TransparentActivity 压在了 AActivity 上的结果。

图 2-13　AActivity 界面

图 2-14　跳转到 TransparentActivity 展示

这时候让我们观察一下日志打印，可以在 onPause 钩子和 onStop 钩子中看到打印出来的日志，如图 2-15 所示。我们在日志中发现，随着透明 Activity 的出现，并没有触发原来 AActivity 的 onStop 钩子，而是仅仅触发了 onPause 钩子，这就是我们之前说到的部分遮挡，所谓部分遮挡不仅仅是一个不透明的 Activity 遮挡了一部分 Activity 的情况，还包括这种透明模板的 Activity 的遮挡情况，即不管开发者在界面上看到完全透明的 TransparentActivity 遮挡下面的 AActivity，还是只看到部分 AActivity 被遮挡，都只会触发 onPause 钩子，而不会触发 onStop 钩子。

提
示 很多人认为 Android 自带的 Dialog 弹层也会触发 onPause 钩子，因为 Dialog 也遮挡了 Activity，但是实际上普通的 Dialog 的弹出是没有办法触发 Activity 的 onPause 钩子的。

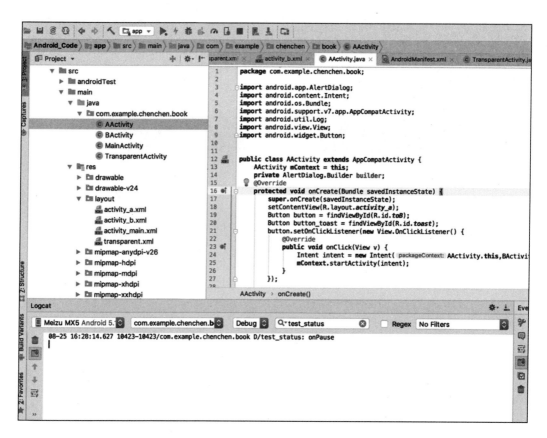

图 2-15　点击弹出透明 Activity 日志输出

那么 onStop 日志到底什么时候会出现呢？让我们先回到图 2-13 所示的界面，然后点击"跳转到 B"按钮。然后观察一下控制台，就会看到如图 2-16 所示的输出日志。

我们可以观察到控制台输出了一个 onPause，紧接着输出了一个 onStop。这就是 BActivity（不透明的 Activity）完全遮挡了 AActivity，所以会触发 onStop 钩子。触发 onStop 的情况下就一定会触发 onPause，因为完全遮挡之前，势必会先出现部分遮挡的状态，但是触发 onPause 的时候不一定会触发 onStop。

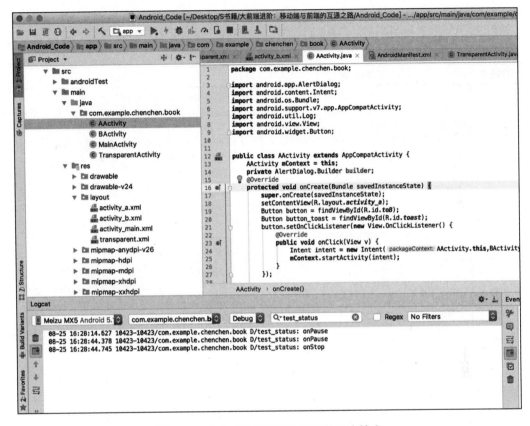

图 2-16　点击"跳转到 B"按钮的日志输出

Android 端的 Activity 的生命周期就介绍完了，我们将在 2.3 节中进行一些前端与移动端页面属性以及生命周期的对比，并且提供微型电商的基础页面代码。

2.3　微型电商项目：了解基础页面

任何项目无论是前端项目还是移动端项目都离不开一个承载功能的界面（也可以称之为"页面"），本节将先对比前端和移动页面的具体共同点和差异点，然后把微型商城的实际页面开发出来。

2.3.1　前端与移动端页面的对比

在创建前端页面之前，我们先看看前端和移动端的页面到底有哪些功能上的差异与相同点，以相互参照并理解。具体前端、移动端页面功能对比如表 2-3 所示。

表 2-3　前端、移动端页面功能点对比表

功能点	前　　端	移动端
页面设置	通常情况下，前端 HTML 的页面设置放在 HTML 文件的头部标签中，主要是以 <meta> 为主，设置头部信息、title 以及一些对搜索引擎比较友好的信息	移动端的 Activity 页面设置主要在两个文件：一是 AndroidManifest.xml 文件，此文件主要是设置 Android 应用中的 Activity 的启动顺序、必要声明、Activity 的样式模板等；二是 xml 布局文件，在其中也可以设置页面文件的编码集、页面布局、样式等
跳转方法	前端 HTML 的页面跳转方式主要分两种：一种为打开新的页面，然后把新的页面定位到要跳转的页面，不可后退到上一个页面。另一种是更改当前页面的 URL，跳转到其他页面，也可以后退到上一个页面	移动端的页面跳转只有一种方式，就是通过 Intent 进行跳转，即覆盖跳转，相当于把新的 Activity 压在栈顶。虽然可以后退到上一个 Activity 页面，但是若跳转页面太多，加之不好的编码习惯则会造成内存泄漏
值传递	URL 值传递，通过 URL 把值传导到下一个页面，然后下一个页面通过获取 URL 中的值，来实现前端页面中 HTML 的传导	以 Intent 的方式，把需要传递的值放入 Bundle 对象中，并通过 Bundle 对象中的 putString 或者 putInt 进行设置，以及通过 Bundle 类中的 getString 和 getInt 进行获取（关于 getXXXX 方法还有很多，这里就不一一举例了）

　　既然我们页面的基础知识讲得差不多了，那么接下来就创建一个前端的微型电商项目和一个移动端的微型电商项目。从 2.3.2 节开始将进入微型电商的具体编程阶段，电商最常用的 3 个页面——商品列表页、购物车页、商品详情页后续也会介绍。

2.3.2　商品列表页的创建

　　前端和移动端的商品列表页、购物车页、商品详情页的空白页面代码非常相近，这里先挑选商品列表页着重介绍，在介绍具体功能和组件时再详细介绍购物车页和商品详情页中的内容。

　　商品列表页的具体代码如代码清单 2-8 所示，<meta> 标签介绍过了，这里单独讲一下 <meta name="apple-mobile-web-app-capable" content="yes">。在前端开发中，如果在苹果设备展示 H5 页面时，需要通过 apple-mobile-web-app-capable 属性去除苹果设备中的默认工具栏和菜单栏。为了让前端界面正常显示，我们需要把 content 设置为 yes（其默认值为 no），这样 Web 应用会以全屏模式运行。在设置完 apple-mobile-web-app-capable 属性之后，开发者可以通过前端浏览器的只读属性 window. navigator.standalone 来确定网页是否以全屏模式显示。

代码清单2-18　前端商品列表页代码

```
<!DOCTYPE html>
<html lang="en">
<head>
    <meta charset="UTF-8">
    <title>商品列表</title>
    <meta name="viewport" content="width=device-width, initial-scale=1
        maximum-scale=1 user-scalable=no">
    <meta name="apple-mobile-web-app-capable" content="yes">
</head>
<body>

</body>
</html>
```

接下来创建 Android 端商品列表页的 Activity——ShopListActivity，具体如代码清单 2-19 所示。

代码清单2-19　移动端商品列表页

```
package com.example.chenchen.book;

import android.content.Intent;
import android.os.Bundle;
import android.support.v7.app.AppCompatActivity;

public class ShopListActivity extends AppCompatActivity {

    @Override
    protected void onCreate(Bundle savedInstanceState) {
        super.onCreate(savedInstanceState);
        setContentView(R.layout.shop_list);
    }
}
```

在 Android 应用中，为了承载页面内容，我们需要创建一个叫作 shop_list.xml 的文件，来承载移动端具体的页面元素，具体如代码清单 2-20 所示。

代码清单2-20 移动端商品列表页布局

```xml
<?xml version="1.0" encoding="utf-8"?>
<android.support.constraint.ConstraintLayout xmlns:android="http://schemas.
    android.com/apk/res/android"
    xmlns:app="http://schemas.android.com/apk/res-auto"
    xmlns:tools="http://schemas.android.com/tools"
    android:layout_width="match_parent"
    android:layout_height="match_parent"
    tools:context=".ShopListActivity">


</android.support.constraint.ConstraintLayout>
```

代码清单 2-20 中为商品列表页的空页面代码，所以我们就不看具体的展示效果了。最后我们需要把 ShopListActivity 的声明加入 App 配置文件 AndroidManifest.xml 中。具体如代码清单 2-21 所示。

代码清单2-21 为移动端商品列表页添加ShopListActivity声明

```xml
<?xml version="1.0" encoding="utf-8"?>
<manifest xmlns:android="http://schemas.android.com/apk/res/android"
    package="com.example.chenchen.book">
    <application
        android:allowBackup="true"
        android:icon="@mipmap/ic_launcher"
        android:label="@string/app_name"
        android:roundIcon="@mipmap/ic_launcher_round"
        android:supportsRtl="true"
        android:theme="@style/AppTheme">
        <activity android:name=".MainActivity">
        </activity>
        <activity android:theme="@android:style/Theme.Translucent" android:name=".
            TransparentActivity">
        </activity>
        <activity android:name=".AActivity">
        </activity>
        <activity android:name=".BActivity">
        </activity>
        <activity android:name=".ShopListActivity">
        </activity>
    </application>
</manifest>
```

至此，商品列表页的 Android 端空白页面就创建完成了。前端和移动端的商品列表页都创建完成后，我们将会在 2.3.3 节中创建前端和移动端的购物车页面。

2.3.3 购物车页的创建

购物车页面的空白代码其实与商品列表页没什么差别，但是因为本书是入门书籍，还是尽量把代码都完全呈现给读者，方便读者跟着本书照做。我们创建一个 shop-cart.html 文件，即购物车的前端页面，具体如代码清单 2-22 所示。

代码清单2-22 购物车的前端页面代码

```html
<!DOCTYPE html>
<html lang="en">
<head>
    <meta charset="UTF-8">
    <title>购物车</title>
    <meta name="viewport" content="width=device-width, initial-scale=1
        maximum-scale=1 user-scalable=no">
    <meta name="mobile-web-app-capable" content="yes">
</body>
</html>
```

之后，我们创建一个 Android 端的购物车 Activity——ShopCarActivity，具体如代码清单 2-23 所示。

代码清单2-23 移动端购物车Activity

```java
package com.example.chenchen.book;
import android.os.Bundle;
import android.support.v7.app.AppCompatActivity;
public class ShopCarActivity extends AppCompatActivity {
    @Override
    protected void onCreate(Bundle savedInstanceState) {
        super.onCreate(savedInstanceState);
        setContentView(R.layout.shop_list);
    }
}
```

和商品列表页的布局文件一样，我们接下来创建购物车的布局文件——shop_car.

xml，具体如代码清单 2-24 所示。

代码清单2-24 移动端购物车布局文件

```xml
<?xml version="1.0" encoding="utf-8"?>
<android.support.constraint.ConstraintLayout xmlns:android="http://schemas.
    android.com/apk/res/android"
    xmlns:app="http://schemas.android.com/apk/res-auto"
    xmlns:tools="http://schemas.android.com/tools"
    android:layout_width="match_parent"
    android:layout_height="match_parent"
    tools:context=".ShopCarActivity">
</android.support.constraint.ConstraintLayout>
```

最后我们需要把 ShopCarActivity 的声明加入 App 配置文件 AndroidManifest.xml 中，具体如代码清单 2-25 所示。

代码清单2-25 为移动端购物车添加ShopCarActivity声明

```xml
<?xml version="1.0" encoding="utf-8"?>
<manifest xmlns:android="http://schemas.android.com/apk/res/android"
    package="com.example.chenchen.book">

    <application
        android:allowBackup="true"
        android:icon="@mipmap/ic_launcher"
        android:label="@string/app_name"
        android:roundIcon="@mipmap/ic_launcher_round"
        android:supportsRtl="true"
        android:theme="@style/AppTheme">
        <activity android:name=".MainActivity">
        </activity>
        <activity android:theme="@android:style/Theme.Translucent" android:name=".
            TransparentActivity">
        </activity>
        <activity android:name=".AActivity">
        </activity>
        <activity android:name=".BActivity">
        </activity>
        <activity android:name=".ShopListActivity">

        </activity>
        <activity android:name=".ShopCarActivity">
```

```
        </activity>
    </application>

</manifest>
```

完成上述代码编写后，商品购物车的 Android 端空白页面就创建完成了。空白页面的开发相对枯燥，不过也是做好后续编码工作的关键——先有一个大体的页面结构。

2.3.4　商品详情页的创建

最后我们来创建商品详情页的空白页面，先创建一个 shop-detail.html 文件，也就是商品详情页前端页面，具体如代码清单 2-26 所示。

代码清单2-26　商品详情页前端代码

```
<!DOCTYPE html>
<html lang="en">
<head>
    <meta charset="UTF-8">
    <title>商品详情</title>
    <meta name="viewport" content="width=device-width, initial-scale=1 maximum-
        scale=1 user-scalable=no">
    <meta name="mobile-web-app-capable" content="yes">
</head>
<body>
</body>
</html>
```

前端的商品详情页创建之后，我们还需要创建一个 Android 端商品详情页的 Activity——ShopDetailActivity，具体如代码清单 2-27 所示。

代码清单2-27　ShopDetailActivity代码

```
package com.example.chenchen.book;
import android.os.Bundle;
import android.support.v7.app.AppCompatActivity;
public class ShopDetailActivity extends AppCompatActivity {
    @Override
```

```
protected void onCreate(Bundle savedInstanceState) {
    super.onCreate(savedInstanceState);
    setContentView(R.layout.shop_detail);
}
}
```

接下来我们创建商品详情页的布局文件——shop_detail.xml，供 ShopDetail-Activity 使用，具体如代码清单 2-28 所示。

代码清单2-28   shop_detail.xml代码

```
<?xml version="1.0" encoding="utf-8"?>
<android.support.constraint.ConstraintLayout xmlns:android="http://schemas.
    android.com/apk/res/android"
    xmlns:app="http://schemas.android.com/apk/res-auto"
    xmlns:tools="http://schemas.android.com/tools"
    android:layout_width="match_parent"
    android:layout_height="match_parent"
    tools:context=".ShopDetailActivity">
</android.support.constraint.ConstraintLayout>
```

最后我们需要把 ShopDetailActivity 的声明也加入 App 配置文件 AndroidManifest.xml 中，具体如代码清单 2-29 所示。

代码清单2-29   为商品详情页添加ShopDetailActivity声明

```
<?xml version="1.0" encoding="utf-8"?>
<manifest xmlns:android="http://schemas.android.com/apk/res/android"
    package="com.example.chenchen.book">

    <application
        android:allowBackup="true"
        android:icon="@mipmap/ic_launcher"
        android:label="@string/app_name"
        android:roundIcon="@mipmap/ic_launcher_round"
        android:supportsRtl="true"
        android:theme="@style/AppTheme">
        <activity android:name=".MainActivity">
        </activity>
        <activity android:theme="@android:style/Theme.Translucent" android:name=".
            TransparentActivity">
        </activity>
```

```
        <activity android:name=".AActivity">
        </activity>
        <activity android:name=".BActivity">
        </activity>
        <activity android:name=".ShopListActivity">

        </activity>
        <activity android:name=".ShopCarActivity">

        </activity>
        <activity android:name=".ShopDetailActivity">

        </activity>
    </application>

</manifest>
```

到这里前端、移动端的商品详情页的空白页编码就完成了。

2.4 小结

本章主要介绍了前端、移动端页面的相似之处和不同之处，以及如何开发一个前端或移动端空白页面。第 3 章将介绍前端与移动端的常用布局方式，以及它们的相似点和差异点。

前端与移动端布局方式

任何应用都无法避开布局这个关键知识点，一个用户想要开发的应用易用、美观，就必须要做到布局方式合理。第 3 章将主要介绍前端和 Android 系统的各种布局方式，以及微型商城的商品列表页、购物车页、商品详情页的通用头部布局。

3.1　前端常用布局方式

前端设置布局的方式与 Android 不太相同，前端的布局是通过某个页面元素的 position 属性进行设置的，但是 Android 是通过标签的方式进行设置的。3.1 节将介绍前端的 5 种常用布局方式，以及页面元素度量单位。

3.1.1　前端的 5 种布局方式

前端常用布局方式有 5 种，都是元素定位方式，这 5 种定位方式就是 position 属性对应的 5 个值来定位，具体属性参见表 3-1。

㊀　无论是前端页面还是移动端的页面，哪怕是命令行都可以算作一种布局方式，只不过是行布局。

表 3-1　position 属性说明

属性值	描　述
static	默认值。没有定位，元素出现在正常的流中（忽略 top、bottom、left、right 或者 z-index 声明）
absolute	生成绝对定位的元素。元素的位置通过 left、right、top、bottom 属性进行确定
relative	生成相对定位的元素，相对于其正常位置进行定位。因此，left 会向元素的左边位置添加对应的像素
fixed	生成绝对定位的元素，相对于浏览器窗口进行定位。元素的位置通过 left、right、top、bottom 属性进行确定
inherit	从父元素继承 position 属性的值

光说不练可不是本书的风格，接下来我们就依次给大家展示这几种布局方式在页面上的展示情况。

首先是 static 布局，让我们看一个典型的 static 例子，具体如代码清单 3-1 所示。

代码清单3-1　static布局代码

```
<h4>static<h4>
<div style="position:static;width:100px;height:100px;border:1px solid red">
</div>
<div style="position:static;width:100px;height:100px;border:2px solid
    blue;left:20px">
</div>
```

在执行代码清单 3-1 之后，就会看到如图 3-1 所示的界面。界面中的两个方块其实是两个 <div> 标签，因为 <div> 标签默认是盒模型，所以 div 是上下结构。大家可以在代码清单 3-1 中看到我们针对 <div> 设置了 left:20px，但是在图 3-1 中的 div 并没有出现在其左侧添加 20 像素的情况。这也是 position 设置为 static 带来的效果。

图 3-1　前端 static 布局展示

> 提示 所有 HTML 元素可以看作盒子，CSS 盒内元素本质上就是一个盒子，封装周围的 HTML 元素，包括边距、边框、填充和实际内容。
>
> 盒内元素允许我们在其他元素和周围元素边框之间的空间放置元素。默认情况下盒内元素的标签会独占一行，如果想要两个盒内元素共处一行，可以尝试添加浮动属性 float，或者使用 inline-block 布局。

接下来是前端的 absolute 布局，让我们看一个例子，具体如代码清单 3-2 所示，可以看到我们同样针对 <div> 设置了 left:20px。运行结果如图 3-2 所示。

代码清单3-2　absolute布局代码

```
<h4>absolute<h4>
<div style="position:absolute;width:100px;height:100px;border:1px solid red">
</div>
<div style="position:absolute;width:20px;height:20px;border:2px solid green;">
</div>
<div style="position:absolute;width:100px;height:100px;border:2px solid
    blue;left:20px;">
```

在图 3-2 中，我们观察到了与图 3-1 不一样的布局情况，图 3-2 中的 <div> 标签出现了在 <div> 标签左侧添加 20 像素的情况。这是 position 设置为 absolute 带来的结果，所以我们要记住：如果希望 left、right、top、bottom 这些属性生效，就需要把对应的标签的 position 属性设置为 absolute。但是我们发现 3 个正方形的 <div> 标签会彼此重叠，这是因为 absolute 会把页面元素从文档流里抽取出来，可以理解为它们都不在一个层中，所以才会出现相互重叠，并且不会相互影响。

图 3-2　前端 absolute 布局展示

relative 布局与 absolute 布局有些类似，但是 relative 布局不会把页面元素从文档流里抽取出来，也就是说在 relative 布局中不会出现元素重叠的情况。让我们看一个例子，具体如代码清单 3-3 所示，可以看到我们同样针对 <div> 设置了 left:20px。

代码清单3-3　relative布局代码

```
<h4>relative<h4>
<div style="position:relative;width:100px;height:100px;border:1px solid red">
</div>
<div style="position:relative;width:20px;height:20px;border:2px solid green">
</div>
<div style="position:relative;width:100px;height:100px;border:2px solid blue;left:20px;">
</div>
```

图 3-3 是代码对应的效果，图中出现了 <div> 左侧添加 20 像素的情况，并且所有的 <div> 都不会重叠。这是因为 relative 布局方式并不会把元素从文档流中抽取出来，所以像 left、right、top、bottom 这些属性会生效，但是各个 <div> 不会像 absolute 布局一样重合在一起。

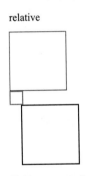

图 3-3　前端 relative 布局展示

接下来是 fixed 布局的介绍，fixed 也会把元素从文档流中抽取出来，只不过是相对于浏览器窗口。fixed 布局与 absolute 布局有点类似，但是又有细微的差别，absolute 布局是相对于父级元素的绝对布局，但是 fixed 是相对于整个屏幕的绝对定位，跟自己的父级容器没有任何关系。举一个例子，布局为 absolute 的元素可以在其所在的父级容器中与任何元素重叠。让我们看一个 fixed 布局的例子，具体如代码清单 3-4 所示。

代码清单3-4　fixed布局代码

```
<div style="position:fixed;width:100px;height:100px;border:1px solid red;left:
    20px;top:10px">
```

```
</div>
<div style="position:fixed;width:20px;height:20px;border:2px solid green;top:
    20px">
</div>
<div style="position:fixed;width:100px;height:100px;border:2px solid
    blue;bottom:20px">
</div>
```

执行上述代码之后，就会看到如图 3-4 所示的界面，3 个 <div> 都设置了边距属性，fixed 也是在正常文档流之外的，这说明 fixed 的布局也是可以重叠的，只不过 fixed 布局根本不受其父级元素的约束。

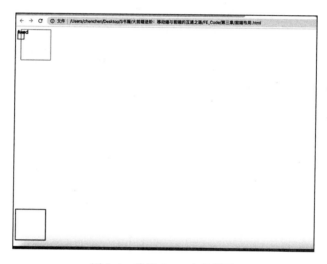

图 3-4　前端 fixed 布局展示

至此，前端的 5 种常用布局就讲解完了。大家会发现 inherit 布局并没有介绍，因为 inherit 布局本身并不是某种布局形式，而是一种继承关系，布局元素的 position 设置为 inherit，代表它的 position 属性的值是继承自该元素的父级容器，所以就不用单独介绍了。在本节中大家看到了 px 这个长度单位，那么它到底代表什么？下一节将介绍前端中的度量单位与属性。

3.1.2　前端度量单位与属性

前端布局中的度量单位有很多，我们只介绍其中 6 种最常用的：px、em、rem、

vw、vh、百分比（%）。让我们先看一下表 3-2。

表 3-2　前端常用度量单位

属性值	描　述
px	我们可以称 px 为"像素"，但是实际上它并不是设备上的绝对像素，可以把它理解为相对像素。比如在不同像素比例的屏幕上展示的时候，大部分界面展示的结果是一样的，如果 px 是绝对像素的话，展示出来的结果必然是不一致的
em	em 是相对长度单位，即相对于当前对象内文本的字体尺寸。如果当前行内文本的字体尺寸未被人为设置，则为相对于浏览器的默认字体尺寸。em 会继承父级元素的字体大小。大部分浏览器默认字体高都是 16px
rem	rem 是 CSS3 新增的一个度量单位，和 em 非常类似。唯一的区别在于使用 rem 为元素设定字体大小时仍然是相对大小，但相对的只是 HTML 根元素。通过它既可以只修改根元素就成比例地调整所有字体大小，又可以避免字体大小逐层复合的连锁反应。目前，除了 IE 8 及更早版本外，所有浏览器均已支持 rem
vw	vw 是可视区宽度单位。1vw 等于可视区宽度的百分之一。vw 与百分比非常类似，但是 vw 的值对所有的元素都一样，与它们父元素或父元素的宽度无关
vh	vh 和 vw 一样，不同的是，vh 是相对于可视区的高度
%	% 是一个很神奇的度量单位，可以设置宽度，也可以设置高度，不过它是相对于父级宽度或者高度的百分比，有点像 em。但是它最难用的地方在于，在你设置 % 之后，没有办法很精确地还原设置值给出的效果图，因为当多层计算 % 的时候，你无法确定它的具体宽、高是多少

　　针对刚刚开始掌握前端技术的移动端读者，我们一般建议先使用 px 进行布局，这可以有效降低难度，但是也要记住在大部分日常工作中，我们是需要使用 CSS 工具集或者 rem 进行度量的。

提示　CSS 工具集可以帮助前端工程师快速布局，不需要考虑过多技术细节，也可以解决浏览器兼容性问题。常用的 CSS 工具集有 Ant Design Pro、Bootstrap 等。

　　前端布局属性会用到这些度量单位，比如外边距（margin）、内边距（padding）、边框（border）、元素宽度（width）、元素高度（height）等。上文展示 absolute、relative、fixed 等布局方式的时候，已经用到了这些属性。

　　常用的布局属性如图 3-5 所示。设置宽度的维度从里到外，依次是内边距、边框、外边距。

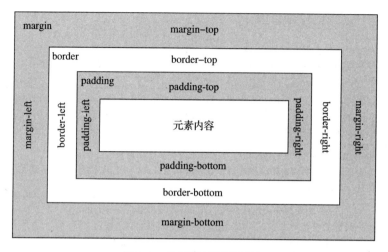

图 3-5　前端常用属性展示

下一节我们将开始介绍移动端常用布局以及对应的度量单位。

3.2　移动端常用布局方式：RelativeLayout 与 LinearLayout

Android 有两种比较常用的布局方式——RelativeLayout 和 LinearLayout，使用这两种布局方式可以满足大部分常规 Android 应用开发需求。

3.2.1　RelativeLayout 的使用场景

Android 的 RelativeLayout 布局和前端的 relative 布局是不是非常相似？前端工程师可以用 position:relative 的布局方式来理解 RelativeLayout 布局方式。

Android 的 RelativeLayout 其实是相对布局，默认是以相对父级容器的方式进行布局。如果一个 RelativeLayout 容器中放入一个 View 元素，它会默认出现在 RelativeLayout 容器左上角。下面来看一个 RelativeLayout 布局的实例，具体如代码清单 3-5 所示，我们把它命名为 activity_relativelayout.xml。

代码清单3-5　activity_relativelayout.xml布局代码

```
<?xml version="1.0" encoding="utf-8"?>
```

```
<RelativeLayout xmlns:android="http://schemas.android.com/apk/res/android"
    xmlns:app="http://schemas.android.com/apk/res-auto"
    xmlns:tools="http://schemas.android.com/tools"
    android:layout_width="match_parent"
    android:layout_height="match_parent"
    tools:context=".RelativeLayoutActivity">

<View android:layout_height="100dp"
    android:background="#ff0000"
    android:layout_width="30dp">
</View>
</RelativeLayout>
```

当然我们还需要一个 Activity 来关联之前所编写的布局文件，将该文件命名为 RelativeLayoutActivity，具体如代码清单 3-6 所示。在代码清单 3-6 中可以看到，我们通过 setContentView 函数把 RelativeLayoutActivity 和 activity_relativelayout.xml 进行了关联，即当我们启动 App 的时候，如果启动项是 RelativeLayoutActivity，那么 App 就会展示对应的 activity_relativelayout.xml 布局。

代码清单3-6　RelativeLayout布局代码

```
package com.example.chenchen.book;

import android.os.Bundle;
import android.support.v7.app.AppCompatActivity;

public class RelativeLayoutActivity extends AppCompatActivity {

    @Override
    protected void onCreate(Bundle savedInstanceState) {
        super.onCreate(savedInstanceState);
        setContentView(R.layout.activity_relativelayout);
    }
}
```

在编译之后，我们就会在开发机（或者测试机 MX5）上看到如图 3-6 所示的界面，有一个红色的色块（此为实际界面颜色）出现在应用的左上角。当然在常规布局中，这种方式很少使用，尤其只把元素放在左上角这种方式，我们通常采用居中或者让一个元素左边有一些距离，抑或在父级容器底部展示某个元素的布局方式。那么要达到这些效果就会用到我们下面所介绍的几种布局方式。

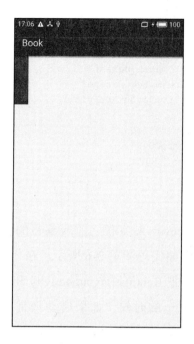

图 3-6 默认 RelativeLayout 布局

（1）默认布局方式

我们先来看相对父级视图的默认布局方式。把下面这些属性设置为 true，以让某个页面元素出现在父级对应位置。

❑ layout_alignParentTop：元素出现在父级视图的上边。

❑ layout_alignParentBottom：元素出现在父级视图的下边。

❑ layout_alignParentLeft：元素出现在父级视图的左边。

❑ layout_alignParentRight：元素出现在父级视图的右边。

下面来看看通过代码展示出来的效果，具体如代码清单 3-7 所示。

代码清单3-7　相对父级视图的布局方式

```
<?xml version="1.0" encoding="utf-8"?>
<RelativeLayout xmlns:android="http://schemas.android.com/apk/res/android"
    xmlns:app="http://schemas.android.com/apk/res-auto"
    xmlns:tools="http://schemas.android.com/tools"
    android:layout_width="match_parent"
    android:layout_height="match_parent"
```

```
    tools:context=".RelativeLayoutActivity">

<View android:layout_height="100dp"
    android:background="#ff0000"
    android:layout_width="30dp">
</View>
</RelativeLayout>
```

运行代码清单 3-7 的代码，效果如图 3-7 所示。我们看到 4 个 View 分布于界面的 4 个角。这里需要注意一点，如果不设置页面元素靠右对齐，则页面元素会默认处于父级元素的最左侧，与 layout_alignParentLeft = true 的结果是一样的。

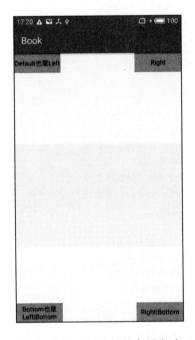

图 3-7　相对于父级的布局方式

（2）居中布局

居中布局分为 3 类，即相对于视图而言，横着居中、竖着居中、横竖都居中。注意，是在视图的正中间，而非窗口的正中间。也就是说，如果你的视图的宽或者高超出了手机屏幕的窗口，那么你设置的居中一定不是手机的正中间。

❑ layout_centerInParent：元素相对于父级视图完全居中。

❑ layout_centerHorizontal：元素相对于父级视图水平居中。

❑ layout_centerVertical：元素相对于父级视图垂直居中。

下面让我们通过实例看一下这 3 个属性元素的设置，具体如代码清单 3-8 所示。

代码清单3-8　RelativeLayout相对父级元素居中布局代码

```
<RelativeLayout xmlns:android="http://schemas.android.com/apk/res/android"
    android:layout_width="match_parent"
    android:layout_height="match_parent">

    <TextView
        android:layout_width="120dp"
        android:layout_height="40dp"
        android:text="centerInParent"
        android:gravity="center"
        android:background="#ff0000"
        android:layout_centerInParent="true"/>

    <TextView
        android:layout_width="100dp"
        android:layout_height="40dp"
        android:text="centerHorizontal"
        android:gravity="center"
        android:background="#ff0000"
        android:layout_centerHorizontal="true"/>

    <TextView
        android:layout_width="100dp"
        android:layout_height="40dp"
        android:text="alignParentBottom"
        android:gravity="center"
        android:background="#ff0000"
        android:layout_centerHorizontal="true"
        android:layout_alignParentBottom="true"/>

    <TextView
        android:layout_width="100dp"
        android:layout_height="40dp"
        android:text="centerVertical"
        android:gravity="center"
        android:background="#ff0000"
        android:layout_centerVertical="true"/>

    <TextView
```

```
        android:layout_width="100dp"
        android:layout_height="40dp"
        android:text="alignParentRight"
        android:gravity="center"
        android:background="#ff0000"
        android:layout_centerVertical="true"
        android:layout_alignParentRight="true"/>

</RelativeLayout>
```

我们在图 3-8 的居中布局中还可以看到另外两个属性元素——layout_alignParent-Bottom、layout_alignParentRight。

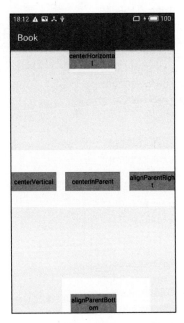

图 3-8　RelativeLayout 相对父级元素居中布局代码

（3）Android 特有的布局方式

Android 端特有的布局方式是预先选定一个页面元素作为参照物，然后在其上、下、左、右边进行对齐布局，2.2.1 节介绍的约束布局与之非常类似。

❑ layout_above：视图的下边与相对视图的上边对齐。

❑ layout_below：视图的上边与相对视图的下边对齐。

❑ layout_toRightOf：视图的左边与相对视图的右边对齐。

❑ layout_toLeftOf：视图的右边与相对视图的左边对齐。

下面通过一段实例代码来观察一下这 4 个属性展示在页面的效果，具体如代码清单 3-9 所示。

代码清单3-9　RelativeLayout相对于其他元素的布局

```
<RelativeLayout xmlns:android="http://schemas.android.com/apk/res/android"
    android:layout_width="match_parent"
    android:layout_height="match_parent">

    <TextView
        android:id="@+id/base"
        android:layout_width="150dp"
        android:layout_height="100dp"
        android:layout_centerInParent="true"
        android:text="center"
        android:textSize="32sp"
        android:background="#ff0000"
        android:gravity="center" />

    <TextView
        android:layout_width="60dp"
        android:layout_height="20dp"
        android:text="alignTop"
        android:gravity="center"
        android:background="#ff00ff"
        android:layout_alignTop="@id/base"/>

    <TextView
        android:layout_width="60dp"
        android:layout_height="20dp"
        android:text="alignBottom"
        android:background="#ff00ff"
        android:layout_alignBottom="@id/base"/>

    <TextView
        android:layout_width="60dp"
        android:layout_height="20dp"
        android:text="alignLeft"
        android:gravity="center"
        android:background="#ff00ff"
        android:layout_alignLeft="@id/base"/>

    <TextView
        android:layout_width="60dp"
        android:layout_height="20dp"
```

```
        android:text="alignRight"
        android:gravity="center"
        android:background="#ff00ff"
        android:layout_alignRight="@id/base"/>

    <TextView
        android:layout_width="60dp"
        android:layout_height="20dp"
        android:text="alignBaseline"
        android:gravity="center"
        android:background="#ff00ff"
        android:layout_alignBaseline="@id/base"/>

</RelativeLayout>
```

　　我们在图 3-9 所示的居中布局中可以看到 6 个页面元素。我们可以先观察纵向居中且靠左侧的 3 个 <TextView> 标签，它们分别对应了 3 个属性：alignTop、alignBaseLine、alignBottom⊖。这些属性的参数就是某一个页面元素的 id。也就是说在代码清单 3-9 中，它们的位置是相对于 id 为 base 的 <TextView> 标签的。左侧的 3 个 <TextView> 标签的上沿线分别对应着 id 为 base 的 <TextView> 标签的上沿线、中沿线和下沿线。

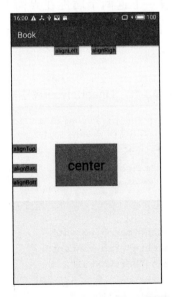

图 3-9　相对于其他元素的布局

⊖　代码中是完整的字符，在图 3-9 中因为手机屏幕大小的问题，字符被截断了。

　　页面上 alignLeft、alignRight 其实也是以 id 为 base 的 <TextView> 标签的左侧边沿线和右侧边沿线为基准定位。只不过 alignLeft 属性是其 <TextView> 的左侧边沿线对应 id 为 base 的 <TextView> 标签的左侧边沿线，alignRight 属性是自身 <TextView> 标签的右侧边沿线对应 id 为 base 的 <TextView> 标签的右侧边沿线。

　　至此，Android 中 RelativeLayout 的所有常规使用方法都介绍完了。

3.2.2　LinearLayout 的使用场景

　　LinearLayout 的主要使用场景是线性布局。在线性布局中，主要分为横向布局和纵向布局，这种布局在移动端上下滑动界面时特别常用。RelativeLayout 在单屏应用时使用得相对多一些，滑动布局中包含一些复杂布局时也经常使用 RelativeLayout 布局。

　　LinearLayout 布局中有两个最重要的属性：orientation 和 weight。orientation 的可选值有两个：horizontal 代表水平方向，vertical 代表垂直方向。weight 是按比例（或者叫等份 RelativeLayout）的方式定义宽度或高度：当 orientation 的值为 horizontal，代表宽度；当 orientation 的值为 vertical，代表高度。

　　接下来通过一个例子来看一下这两个属性在界面上是什么样的效果。按照老规矩，我们还是先创建一个 .xml 布局文件——activity_linearlayout.xml，布局文件具体如代码清单 3-10 所示。

代码清单3-10　LinearLayout线性布局文件

```
<LinearLayout xmlns:android="http://schemas.android.com/apk/res/android"
    android:orientation="vertical"
    android:layout_width="match_parent"
    android:layout_height="match_parent">
    <!—垂直线性布局 -->
    <LinearLayout
    <!—水平线性布局 -->
        android:layout_width="match_parent"
        android:layout_height="wrap_content"
        android:orientation="horizontal">
        <View
            android:layout_width="100dp"
            android:layout_height="20dp"
            android:background="@color/red"/>
```

```
    <View
        android:layout_width="100dp"
        android:layout_height="20dp"
        android:background="@color/green"/>
    <View
        android:layout_width="100dp"
        android:layout_height="20dp"
        android:background="@color/blue"/>
</LinearLayout>

<View
    android:layout_width="100dp"
    android:layout_height="0dp"
    android:background="##ff##"
    android:layout_weight="1"/>
<View
    android:layout_width="100dp"
    android:layout_height="0dp"
    android:background="@color/green"
    android:layout_weight="2"/>
<View
    android:layout_width="100dp"
    android:layout_height="0dp"
    android:background="@color/red"
    android:layout_weight="3"/>

</LinearLayout>
```

在布局文件中可以观察到，我们创建了两个 LinearLayout 布局。一个是最外层的 LinearLayout，我们为其设置了垂直布局，其中放置了 1 个 LinearLayout 和 3 个设置了不同背景颜色的 View。另一个是嵌入的 LinearLayout，将其 orientation 属性设置为 horizontal，该 LinearLayout 中也放置了 3 个设置了不同颜色的 View。

当然完成了布局文件的编写后，我们还需要一个 Activity 来关联它，并且在 Android-Manifest.xml 中加上这个 Activity，以保证 Android App 在运行过程中能够找到这个 Activity。我们先创建一个 LinearLayout 文件，名为 LinearLayoutActivity，具体如代码清单 3-11 所示。

代码清单3-11　LinearLayoutActivity文件代码

```
package com.example.chenchen.book;
```

```
import android.os.Bundle;
import android.support.v7.app.AppCompatActivity;

public class LinearLayoutActivity extends AppCompatActivity {
    @Override
    protected void onCreate(Bundle savedInstanceState) {
        super.onCreate(savedInstanceState);
        setContentView(R.layout.activity_linearlayout);
    }
}
```

紧接着编译代码，效果如图 3-10 所示。其中，横向布局的 3 个元素（3 个 View）是横向排列，而纵向排列的 3 个 View 则受到了最外层的 LinearLayout 布局的影响。从图 3-10 中观察到，纵向排列的 3 个 View 是按照 1 : 2 : 3 的比例排列的，即 layout_weight 发挥作用了。在使用 layout_weight 计算位置时，它会把在同一 LinearLayout 的子元素的 layout_weight 之和加在一起，然后以各个元素的 layout_weight 值除以这个总数，就是该元素所占高度或宽度比例，或者可以这样理解 layout_weight 的总和就是把父级元素的高度分成了 6 等份，然后 3 个 View 分别占了 1、2、3 份。

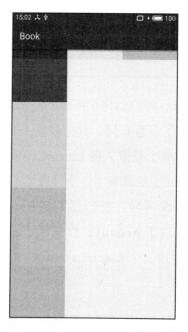

图 3-10　LinearLayout 执行效果

> **提示** 在使用 layout_weight 的时候，建议把该元素的高度或者宽度设置为 0dp，否则开发者所设置的 layout_weight 会先进行计算，在计算完成之后，最后再加上用户设置的高度或者宽度。

注意，在编写过程中，很多新人会犯一个错误：在完成了 Activity 和 xml 布局文件的编写后，并没有在 AndroidManifest.xml 中声明新的 Activity，进而引发 App 编译过程中报错，如果大家在编译过程中出现了错误，可以看看自己的 Android-Manifest.xml 是否配置正确。

至此，Android 的 RelativeLayout 与 LinearLayout 的相关知识就讲解完了。3.2.3 节将介绍移动端宽度、高度、字体、边距等所用到的度量单位。

3.2.3　移动端度量单位

在移动端的项目布局中，长度、宽度、字号等度量单位始终是一个绕不开的知识点。移动端的度量单位比较多，我们只介绍 3 种：第一种是前端和 Android 端都有的 px（像素）；第二种是 Android 端特有的、最常用的度量单位 dp；第三种也是 Android 端特有的度量单位 sp。我们一起看看一下表 3-3 中的总结。

表 3-3　Android 端常用度量单位

属性值	描　述
px	像素，即屏幕上的像素点，1px 代表一个像素点，占据屏幕上一个物理的像素点；不建议使用 px，因为同样 10px 的图片，在不同手机上显示的实际大小可能不同
dp	独立像素（device independent pixels），在平时 Android 开发过程中最常用，在 Android App 布局中定义控件的宽、高等属性时都会使用它。它能够适应不同屏幕密度，由于 Android 碎片化严重，因此使用它作为长度单位可以适配不同的屏幕密度。在开发过程中，大部分开发者经常把它当作一种度量单位，而不会过度纠结 1dp 是多少像素。因为在不同手机上 1dp 所代表的具体像素（px）也是不同的
sp	比例像素（scaled pixels），Android 开发过程中定义字体大小时，一般都会使用 sp 作为单位。sp 与 dp 非常相似，唯一不同点是，sp 除了可以适应屏幕密度变化外，还可以随着系统字体大小设置作出变化。如果开发者不想自己的应用随手机设置中字体的大小发生改变，可以使用 dp 代替

以上 3 种单位都可以在 Android 的各种属性中设置，比如 layout_height（高度）、layout_width（宽度）、layout_marginTop（上边距）、Layout_marginBottom（下边距）。我们可以理解为，任何需要长度单位的地方，都可以使用以上 3 种属性。

3.3   布局差异与通用头部布局

接下来我们将首先介绍前端和移动端基础布局以及常用度量单位的不同点、相似点，然后完成在商品列表页、购物车页、商品详情页中都会用到的通用头部布局。

3.3.1   前端和移动端布局对比

通常情况下，我们会结合相对布局、线性布局和绝对布局相结合方式完成大部分的开发。本节将通过前端和 Android 如何实现这 3 种布局为出发点来进行对比。具体对比功能点如表 3-4 所示。

表 3-4   前端、移动端布局对比表

功能点	前 端	移 动 端
相对布局	position:relative，第一个元素相对的参照物为该元素的父级元素。后续其他元素参照物依赖于前一个元素或者父级元素，比如第一个元素为行内元素，那么后续元素的高度会依赖父级元素的设置，注意此种布局方式中，元素不会重叠。元素是独占一行，还是横向排列取决于元素是盒内元素还是行内元素	Android 中的相对布局与前端的相对布局有两个较大的差异。一是 RelativeLayout 容器中的元素可以指定自己是相对于哪个元素进行布局，比如 layout_alignLeft、layout_alignRight。这类属性设置的值是相对于视图的 id。 二是 Android 中没有行内元素、盒内元素（也称盒模型）的概念，所以就算 Android 相对布局中一行长度可以容纳两个视图时，也不会换行的。但是这在前端布局中是不一定的，在前端布局中盒内元素不与任何元素（无论该元素是行内元素还是盒内元素）共处一行
线性布局	前端其实现线性布局的方式有很多，我们就挑一些比较容易实现和理解的。比如：使用盒内元素进行布局，前端界面就是默认的垂直线性布局；使用水平布局，行内元素布局是非常好的方法，另外可以通过对行内元素设置 float 属性来实现布局效果	Android 使用 LinearLayout 来进行线性布局，参见 3.2.2 节
绝对布局	前端的绝对布局均是通过 position:absolute 和 position:fixed 来实现	Android 的 AbsoluteLayout 是基于坐标系统的定位方式，有两个重要属性：layout_x（设置组件的 X 坐标）和 layout_y（设置组件的 Y 坐标）。AbsoluteLayout 有一个不容易解决的问题——屏幕兼容性。当我们使用 AbsoluteLayout 开发 Android 应用时，需要在不同的机型上面进行适配，如果你使用了绝对布局，在 5 寸的手机上显示是正常的，而换成 6 寸的手机就可能出现偏移和变形。 但是大部分情况下我们使用另一个方法——RelativeLayout，然后不设置相对定位的页面参照元素。而且 Android 的 RelativeLayout 也不会像前端的 relative 一样，页面元素之间会相互挤压

在我们对前端和 Android 的布局方式进行对比后，接下来分别实现前端和 Android 的头部布局。

> **注意** 行内元素（也称行模型）最常使用的就是 <span>，其他的还有 <b><i><sub><sup> 等，行内元素特征如下。
>
> ① 行内元素设置宽、高无效。
>
> ② 对 margin 仅设置 margin-left、margin-right 有效，设置 margin-top、margin-bottom 无效；设置上、下、左、右的内边距（padding-top、padding-bottom、padding-left、padding-right）均有效并且会撑大空间。
>
> ③ 行内元素不会自动进行换行，这个特点和块元素（有些书中叫作盒元素）相反。盒内元素最常用的就是 <div> 标签，其他如 article、ul-li、address、section、p、header、footer 等，都可以用 <div> 来进行模拟。通常情况下会使用特定的标签实现前端标签的语义化，使得代码可读性强，方便搜索引擎提取关键内容。盒内元素特征如下。
>
> ① 盒内元素可以设置宽、高。
>
> ② 盒内元素设置的 margin 和 padding 均有效。
>
> ③ 盒内元素在默认情况（默认独占一行）下可以自动换行。

3.3.2　商城通用头部布局的实现

商品列表页、购物车页、商品详情页布局代码差异较大，不过依然存在相似之处，让我们把相似之处提取出来，这样在后续的开发过程中可以做到事半功倍。商品列表页、购物车页、商品详情页的第一个相似之处就是通用头部布局，即通用头部标题栏，具体如代码清单 3-12 所示。

代码清单3-12　前端通用头部布局代码

```
<!-- navbar -->
<div class="navbar">
        <div class="container">
            <div class="panel-control-left">
                <a href="#" data-activates="slide-out-left" class="sidenav-
                    control-left"><i class="fa fa-bars"></i></a>
```

```html
        </div>
        <div class="site-title">
            <a href="index.html" class="logo"><h1>Mcare</h1></a>
        </div>
        <div class="panel-control-right">
            <a href="booking.html"><i class="fa fa-send"></i></a>
        </div>
    </div>
</div>
<style>
/*==================
        Navbar样式表
==================*/
.navbar {
        width: 100%;
        height: 60px;
        padding: 15px 0;
        z-index: 9;
        background: #fff;
        position: fixed;
        top: 0;
        left: 0;
        right: 0;
        text-align: center;
        border-bottom: 2px solid #f5f5f5;
}

.site-title {
        display: inline-block;
        position: relative;
        top: -5px;
}

.site-title h1 {
        font-size: 28px;
        padding: 0;
        margin: 0;
        font-weight: 700;
        color: #33261c;
        padding-top: 2px;
        font-family: 'Playfair Display', serif;
}

.site-title h1 i {
        color: #52c0ff;
        font-size: 32px;
        margin-left: 2px;
}
```

```
.side-nav a {
        padding: 0 16px;
}

.side-nav a:hover {
        background: transparent;
}
.fa-bars:before {
    content: "\f0c9";
}
.fa-send:before{
    content: "\f1d8";
}
</style>
```

在代码清单 3-12 中，首先创建一个最外层的 div 容器，并且为其设置了名为 navbar 的 class、100% 的宽度填充，并且把这个 div 容器的 position 设置为 fixed，主要是我们期望这个通用头部标题栏能够时刻浮在手机屏幕头部。

拓展知识　在前端开发中，经常会给页面元素设置各种标记，常用的有 id、class 等。设置这种标记有很多用处，在此我们介绍其中最主要的两个用处：一是可以让 JavaScript 通过这个标记找到 HTML 文档上的元素，并且可以通过 JavaScript 对元素进行操作；二是可以让 CSS 与页面元素进行关联。比如代码清单 3-12 的 <style> 标签中，.navBar 这个 CSS 表达式达到的效果是在 HTML 文档中找到 class 被设置为 navbar 的元素集合，并将该集合元素宽度设置为父级元素的 100%，高度为 60px，上下添加内边距 15px 等属性。有 id 的元素查找可以通过 # 来进行，如果 navbar 是 id 而不是 class，则我们就可以通过 #navbar 来查找这个页面元素了。

最后需要注意的是，如果一个元素同时设置了 id 和 class，不冲突的属性设置会做合并，冲突的属性会在有 id 设置的属性上生效。

CSS 中设置了 text-align 属性，这样在 <div> 标签 navbar 中的所有文字都是居中展示。另外，navbar 嵌套了一个新的容器 container，其中涵盖了 3 个 div 容器：panel-control-left、site-title、panel-control-right。

1）panel-control-left 中主要存放的是一个 <a> 标签容器，<a> 标签是一个超链接标签，主要用于页面上的跳转或者可操作项的表示。我们更改 <a> 标签的默认 hover 状态为透明[⊖]，并在 a 标签中设置了一个 i 标签，并且把它的 content 设置为 /f0c9。

注意　这里提到的 /f0c9 其实是一个字体中的图标，一般通过前端伪类选择器 before 和 after 的 content 的属性来设置字体的图标代码。目前市面上最常用的字体图标是阿里巴巴的 iconfont。可以登录 www.iconfont.cn 进行获取。然后，我们把对应的图标源设置在 font-family 的 src 属性中就可以了。在 www.iconfont.cn 上选择对应图标时，就能看到 content 应该填写的内容了，/f0c9 只是图标代码，不具有任何具体含义。

2）site-title 中主要存放的是一个 <a> 标签，然后 <a> 标签里放了一个 <h1> 标签，<h1> 标签通常用来放大字体标题，对搜索引擎非常友好。<h1> 默认的大小为 32px，当然可以通过 CSS 对 <h1> 标签进行设置。

3）panel-control-right 整体结构与 panel-control-left 基本一致，只不过将最里层的 <i> 标签的 content 属性设置为 \f1d8。

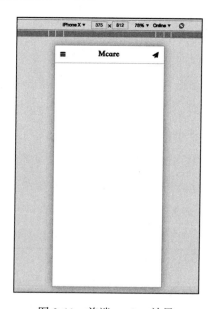

图 3-11　前端 navbar 效果

⊖ 因为 <a> 标签的默认效果在不同浏览器上表现不同，有的表现为 hover 状态出现下划线，有的表现为 hover 状态出现颜色变化。

执行代码清单 3-12 的代码后就能看到 navbar 的完成效果，如图 3-11 所示。该界面与代码清单 3-1 中描述的界面完全一致。到这里，通用头部标题栏就完成了，后续开发工作会常常用到这个前端通用头部标题栏。

接下来完成移动端的通用头部标题栏。首先，把两个小图标（见图 3-11 中头部标题栏的两个小图片）放入我们创建的 Android 工程中，我们要在 Android 工程中的资源文件夹 res 中找到 mipmap-mdpi 文件夹。然后，把需要在 Android 工程中使用的图片拖动到 mipmap-mdpi 文件夹里。这样在 Android Studio 右侧的预览界面可看到这张图片的样子，如图 3-12 所示。

拓展知识　常规情况下，我们需要在每个 mipmap-hdpi 文件中都放入我们需要引入的图片，只不过需要放入的是对应分辨率倍数的图片。

这里要解释一下什么是屏幕倍数，屏幕倍数主要是在 1 倍屏幕时，我们期望像素点和物理设备的像素点比例为 1∶1，即在前端中使用 1 个设备像素显示 1 个 CSS 像素，在移动端亦然。2 倍屏幕意为当这个比率为 2∶1 时，使用 4 个设备像素显示 1 个 CSS 像素或移动端像素。3 倍屏幕意为当这个比率为 3∶1 时，使用 9（3×3）个设备像素显示 1 个 CSS 像素或移动端像素。依此类推，这些文件夹对应着不同倍数的图片，具体对应关系可以看下面的数据。

❑ xxxhdpi：4 倍屏幕；

❑ xxhdpi：3 倍屏幕；

❑ xhdpi：2 倍屏幕（最常用）；

❑ hdpi：1.5 倍屏幕；

❑ mdpi：1 倍屏幕（基准）。

为了提高用户在使用 Android 应用的体验，我们可以让设计师多出一些倍数的图，用以保证用户在不同倍数手机屏幕上都能看到清晰的图片。但是目前市面上的手机配置 1 倍屏幕、2 倍屏幕（手机配置高一些）是主流，所以我们只兼容这两种情况就可以了。本次使用的测试机 MX5 是 1 倍屏幕，所以只需要把对应的图标放在 mipmap-mdpi 即可。

图片已经加入 Android 端项目中了，下一步需要把这两个图片通过

View> 标签运用起来，以完成通用头部布局，具体如代码清单3-13所示。

代码清单3-13　通用头部布局

```xml
<LinearLayout xmlns:android="http://schemas.android.com/apk/res/android"
    android:orientation="vertical"
    android:background="#ffffff"
    android:layout_width="match_parent"
    android:layout_height="match_parent">
<!-- 水平线性排列 -->
<RelativeLayout
    android:layout_width="match_parent"
    android:background="@drawable/bottom_border_1dp"
    android:layout_height="50dp"
    android:paddingTop="10dp"
    android:orientation="horizontal">
    <ImageView
        android:layout_height="30dp"
        android:layout_width="30dp"
        android:layout_marginLeft="20dp"
        android:layout_alignParentLeft="true"
        android:src="@mipmap/nav_menu"/>
    <TextView
        android:layout_height="30dp"
        android:layout_width="150dp"
        android:text="Mcare"
        android:gravity="center"
        android:textSize="20sp"
        android:layout_centerInParent="true" />
    <ImageView
        android:layout_height="30dp"
        android:layout_width="30dp"
        android:layout_marginRight="20dp"
        android:layout_alignParentRight="true"
        android:layout_gravity="right"
        android:src="@mipmap/nav_go"/>
</RelativeLayout>
</LinearLayout>
```

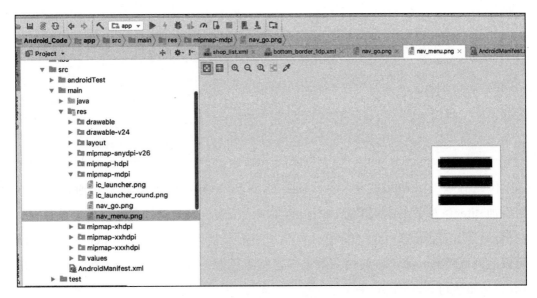

图 3-12　Android Studio 中的图片存储

在代码清单 3-13 中可以看到，我们把头部的 3 个页面元素放在一个 <RelativeLayout> 标签中。为什么这里要使用 <RelativeLayout> 标签呢，因为我们需要使用 <Relative-Layout> 标签中的居中对齐、左对齐、右对齐布局方式，当然使用 <LinearLayout> 标签也能完成这个功能。我们通过 3.2.2 节介绍的 layout_weight 把 <LinearLayout> 标签平均分成 3 份，得到 3 个元素，然后在 3 个元素中进行定位，并在 <LinearLayout> 标签再加入一层定位层，这样定位层数增多，会增加 Android 应用页面渲染的时间，也更加不利于维护，这与前端开发中多层嵌套定位一个元素带来的负面影响一模一样，所以也是极不提倡的。

在 <RelativeLayout> 标签中有一个 background 属性，该属性常用于设置背景色，但在代码清单 3-13 中的用处是实现如前端界面 navbar 一样的下边框效果。通常前端页面使用 border-bottom: 1px solid black 给一个元素设置宽度为 1px 的黑色实线下划线。在 Android 中设置边框颜色、边框线宽度时，需要先针对边框定义一个 xml 样式文件，具体如代码清单 3-14 所示。

代码清单3-14　Android下边框xml文件代码

```xml
<?xml version="1.0" encoding="utf-8"?>
<layer-list xmlns:android="http://schemas.android.com/apk/res/android">
    <item>
```

```
        <shape>
            <solid android:color="#f5f5f5"/>
        </shape>
    </item>
    <item android:bottom="1dp">
        <shape>
            <solid android:color="#ffffff"/>
        </shape>
    </item>
</layer-list>
```

代码清单 3-14 使用的是 <layer-list> 标签，<layer-list> 标签其实是通过一层一层叠加 <item> 标签的方式来描述一个背景的。下边框功能的实现原理是先设置一个边框颜色充满底层的 <item> 标签，再叠加一个与背景颜色一样的 <item> 标签，就可以达到底部有一个 1dp 的留白效果。这样颜色为 #f5f5f5 的 <item> 标签就会露出 1dp，从而达到下边框的效果了。

实现 Android 通用头部时，还有一个必须要设置的属性，就是隐藏 App 的默认头部。但是大多数 Android App 都不会使用默认的头部界面。要隐藏它也不难，只需要在 Android 的配置文件 AndroidManifest.xml（使用 Android 创建项目时会默认创建）中加入一行默认头部信息的代码 android:theme="@android:style/Theme.Light. NoTitleBar" 就可以了。

接下来把 AndroidManifest.xml 中的 App 入口改为 ShopListActivity 类，然后启动 App 就会看到如图 3-13 所示的界面。头部左右的两个按钮分别是用图标表示的"上一步"和"下一步"，中间的是这个页面的标题 Mcare（商城名称）。该头部布局代码可以直接复制到其他页面对应的 xml 布局文件里应用。

图 3-13　移动端头部信息

3.4　小结

　　本章主要介绍了前端和移动端中常用的布局方式，并且利用这些知识完成了商城的前端和移动端的通用头部布局。前端和移动端的通用头部布局的使用方式会在第 4 章介绍。

商品列表页基础布局

在第 4 章中，我们完成整个商城项目的前端、移动端的基础布局设计，并且把第 3 章完成的通用头部布局嵌入到项目中。我们在这个工程中也会穿插介绍一些前端、移动端开发的非布局类知识。

4.1 通用头部布局嵌入

通用头部布局是在端开发过程中必然存在的，出于节省开发成本的考虑，无论前端、移动端还是桌面端，工程师都没有必要重复开发布局。本节在介绍商品列表布局之前，先把第 3 章创建的通用头部布局嵌入到商品列表页中。

4.1.1 前端通用头部布局嵌入

首先介绍前端如何引入通用的头部布局。其实引入过程非常简单，只需要使用 <iframe> 标签即可。我们把代码清单 3-12 中的全部代码，单独存储为一个 .html 文件，文件的名字叫作 header.html。因为要使用 <iframe> 标签进行引入，所以我们需要给 <iframe> 标签设置一个名为 header-iframe 的 class，然后给 header-iframe 设置与 nav 相同的 CSS 样式信息即可，否则会出现针对 nav 的 CSS 样式信息在被嵌入页面中不生效的情况。在被嵌入文件 shop_list.html 中创建一个 <iframe> 标签，给 <iframe> 标签设置一个叫作 header_iframe 的 class，然后把头部 nav 以 <style> 标签内置的方式加入到 shop_list.html 中，具体实现如代码清单 4-1 所示。

代码清单4-1　将前端header嵌入到shop_list.html中

```
<style>
    .header_iframe{
        border-width: 0px;
        display: block;
        width:100%;
        height:60px;
        padding:15px 0;
        z-index:9;
        background:#fff;
        position:fixed;
        top:0;
        left:0;
        right:0;
        text-align:center;
        padding: 0px 0px;
        margin:0 auto;
    }
</style>

</head>
    <iframe class="header_iframe" src="header.html"></iframe>
```

由于 shop_list.html 中的大部分代码之前给大家展示过，因此在此我们只展示关键修改。这里需要介绍一下之前在 nav 样式属性中没有看到的两个属性。一个是 padding:0px 0px，因为在之前的 nav 中已经设置了内边距属性，如果我们在 <iframe> 标签中再设置一遍，就会出现双倍外边距遮挡的情况，如图 4-1 所示。另外一个就是 border-width:0px，这个属性主要是消除 <iframe> 标签嵌入时默认的边框问题，如果不把 <iframe> 标签的边框设置为 0px，则会出现如图 4-2 所示的情况。

图 4-1　头部双倍内边距遮挡问题

图 4-2 头部 iframe 自带边框遮挡问题

但是两个属性都设置完之后，就会看到正常的通用 nav 界面，如图 4-3 所示。

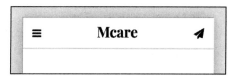

图 4-3 头部 iframe 无边框界面

前端通用布局嵌入就基本完成了，在 4.1.2 节中，我们将一起完成移动端商城的通用头部嵌入。

4.1.2 移动端通用头部布局嵌入

我们以移动端的商品列表为例，将 3.3.2 节设置的通用头部布局通过引入的方式加入商品列表中。与之前前端的操作基本一致。我们需要把代码清单 3-13 中 <RelativeLayout> 标签的内容（包含 <RelativeLayout> 标签）复制出来，并且在 Android 布局文件夹 layout 中创建一个名为 nav_item 的 xml 文件，具体如代码清单 4-2 所示。

代码清单4-2 nav_item文件代码

```xml
<?xml version="1.0" encoding="utf-8"?>
<RelativeLayout xmlns:android="http://schemas.android.com/apk/res/android"
android:layout_width="match_parent"
android:background="@drawable/bottom_border_1dp"
android:layout_height="50dp"
android:paddingTop="10dp"
android:orientation="horizontal">
<ImageView
    android:layout_height="30dp"
    android:layout_width="30dp"
    android:layout_marginLeft="20dp"
    android:layout_alignParentLeft="true"
    android:src="@mipmap/nav_menu"/>
<TextView
```

```
    android:layout_height="30dp"
    android:layout_width="150dp"
    android:text="Mcare"
    android:gravity="center"
    android:textSize="20sp"
    android:layout_centerInParent="true" />
<ImageView
    android:layout_height="30dp"
    android:layout_width="30dp"
    android:layout_marginRight="20dp"
    android:layout_alignParentRight="true"
    android:layout_gravity="right"
    android:src="@mipmap/nav_go"/>
</RelativeLayout>
```

　　紧接着在商品列表的 ShopListActivity 中把通用头部布局引入就可以了，具体如代码清单 4-3 所示。这段代码的含义是，通过 LayoutInflater 类中的 from 方法获取 inflater 对象，inflater 对象可以理解为类似前端的 dom 对象，可以操作界面上的元素。inflater 对象与 dom 对象不同的地方在于：inflater 对象还可以用来解析 xml 文档内容，并且可以把 xml 文档中的内容提取出来放入新的视图中。在代码清单 4-3 中，首先实例化一个以 ShopListActivity 类本身为上下文（ShopListActivity.this）的 inflater 对象，紧接着通过 R.id.linearLayout_main 找到需要嵌入的容器，然后使用 inflate.findViewById 函数把 R.layout.nav_item 布局文件（也就是被嵌入的内容）提取出来。接下来，我们通过 addView 函数把刚刚提取出来的 R.layout.nav_item 布局文件加入到 ShopListActivity 类所在的 shop_list.xml 布局文件中，也就是 shop_list.xml 的 R.id.linearLayout_main 容器（布局文件最外层的 LinearLayout 容器）中。这时运行 App 就可以看到如图 4-3 所示的界面了。

🎯 提示　后续介绍购物车页和商品详情页的布局时，也会添加通用头部布局，因为这部分操作是重复的，为避免内容拖沓，所以这里将省略这部分内容。

代码清单4-3　在ShopListActivity中嵌入通用头部布局

```
public class ShopListActivity extends Activity {
    @Override
    protected void onCreate(Bundle savedInstanceState) {
```

```
        super.onCreate(savedInstanceState);
        setContentView(R.layout.shop_list);
        LayoutInflater inflater = LayoutInflater.from(ShopListActivity.this);
        LinearLayout linearlayout = (LinearLayout) findViewById(R.id.linearLayout_
            main);
        RelativeLayout layout = (RelativeLayout) inflater.inflate(
                R.layout.nav_item, null).findViewById(R.id.RelativeLayout_item);
        linearlayout.addView(layout);
    }
}
```

此刻 Android 的通用头部布局信息就嵌入完毕了，如果我们这个时候把 Android 启动 Activity 设置为 ShopListActivity 类，然后执行代码，会看到如图 4-4 所示的内容。

图 4-4　Android 通用头部嵌入

4.2　前端商品列表布局

我们在 4.1.1 节完成了前端通用头部的嵌入，通常情况下商品列表为一行两个商品，所以本次布局也采用这种方式。具体思路是，我们首先创建一个 class 为 row 的 <div> 标签，这个 <div> 标签相当于这一行中两个商品的容器，然后在容器内部创建一个 <div> 标签，并且把它的 class 设置为 col 和 s6。设置两个 class 的原因主要是在设置 CSS 样式的时候，避免设置的属性被其他 class 属性覆盖。

拓展知识　前端一个页面元素的 class 属性的值可以存在多个，文中提到的 col 和 s6 就是这种情况。不同的 class 值在 dom 中设置时以空格隔开，针对 class 属性中的不同值设置的样式均会体现在该元素上，如果在 CSS 样式表的两个 class 属性中设置了冲突的值（比如高度、宽度、颜色不同），则以样式表中最后出现的 class 属性为准，即后出现的属性值会覆盖之前的属性值。如果在设置 CSS 样式的时候，某属性有两个限定 class 值，就会使得这个属性的优先级升高，高过任何设置单一 class 值的属性。举一个例子，一个元素有 a、b、c 三个

class，我们将样式表 class a 设置为 .a{color:blue}，也就是该元素的颜色为蓝色，然后将 class b 和 class c 设置为 .b.c{color:red}。那么不论 .a{color:blue} 在 CSS 样式文件中位于何处，此元素都会以 .b.c{color:red} 设置的红色为准。

商品列表是由两列组成的，我们把两列商品的 class 宽度设置为 50%，紧接着把每个商品的宽度设置为 50%。class 的命名通常情况下是见名知义，col 大家都可以理解，是列的缩写。但是大家可能不太明白 s6 的含义，在这里 s 代表 size，6 的含义是栅格化布局中的一个特殊知识点。在栅格化布局中，前端工程师通常把页面的宽度设置为 12 个等量格子，这样前端工程师只需要把从 s1 至 s12 的所有格子的宽度设置好，那么在编程过程中只需要设置好对应元素的 class 值，就不用再担心页面宽度的问题了。下面看一下 s1 到 s12 设置的具体 CSS 样式，具体如代码清单 4-4 所示。

代码清单4-4　s1至s12的CSS样式表

```
.row .col.s1 {
    width: 8.3333333333%;
    margin-left: auto;
    left: auto;
    right: auto;
}

.row .col.s2 {
    width: 16.6666666667%;
    margin-left: auto;
    left: auto;
    right: auto;
}

.row .col.s3 {
    width: 25%;
    margin-left: auto;
    left: auto;
    right: auto;
}

.row .col.s4 {
    width: 33.3333333333%;
    margin-left: auto;
    left: auto;
    right: auto;
}
```

```css
.row .col.s5 {
    width: 41.6666666667%;
    margin-left: auto;
    left: auto;
    right: auto;
}

.row .col.s6 {
    width: 50%;
    margin-left: auto;
    left: auto;
    right: auto;
}

.row .col.s7 {
    width: 58.3333333333%;
    margin-left: auto;
    left: auto;
    right: auto;
}

.row .col.s8 {
    width: 66.6666666667%;
    margin-left: auto;
    left: auto;
    right: auto;
}

.row .col.s9 {
    width: 75%;
    margin-left: auto;
    left: auto;
    right: auto;
}

.row .col.s10 {
    width: 83.3333333333%;
    margin-left: auto;
    left: auto;
    right: auto;
}

.row .col.s11 {
    width: 91.6666666667%;
    margin-left: auto;
    left: auto;
    right: auto;
```

```
    }

.row .col.s12 {
    width: 100%;
    margin-left: auto;
    left: auto;
    right: auto;
}
```

这种栅格化布局可降低工程师设置宽度时出错的概率。

有了每一列的容器后，就可以把商品的图片、名称、评价、价格以及加入购物车按钮放入其容器中。这些元素都是自上而下排列的，将它们的宽度都设置为100%；每一行的文字都居中，这可以使用 text-align:center 来设置（Android 端使用 gravity="center" 来实现该功能），具体如代码清单 4-5 所示。注意，class 值为 rating 的容器主要用于展示评级（一级就是一个星星）。该展示是通过自定义字体实现的（参见 3.3.2 节）。此外，在 class 值为 fa fa-star 的 <i> 标签外部还有一层 <span> 标签，以标记某个 fa-star 的评级（优或者差）：若 <span> 标签的 class 值为 active，即其 CSS 样式属性只有一个颜色值 #fecd2d（金黄色），表示评级为优；若 <span> 标签的 class 值为空，则表示评级为差。

代码清单4-5　单个商品布局代码

```
<div class="entry">
    <img src="img/store3.png" alt="">
    <h6><a href="">Pills</a></h6>
    <div class="rating">
        <span class="active"><i class="fa fa-star"></i></span>
        <span class="active"><i class="fa fa-star"></i></span>
        <span class="active"><i class="fa fa-star"></i></span>
        <span class=""><i class="fa fa-star"></i></span>
        <span class=""><i class="fa fa-star"></i></span>
    </div>
    <div class="price">
        <h5>$18</h5>
    </div>
    <button class="button">ADD TO CART</button>
</div>
```

　　在商品评级的下面是 class 值为 price 的价格容器，因为容器中存放的是纯文本，所以我们只需要对字体或者字符的大小做一些设置就可以。这里使用 <h5> 标签来控制字符的大小，通常浏览器会给对应的 <hx>（<h1>、<h2>、<h3>、<h4>、<h5>、<h6>）标签设置默认的字符大小。

🎯 提示　hx 标签的对应默认字号是，h1=32px、h2=24px、h3=18.72px、h4=16px、h5=13.28px、h6=12px。

　　<hx> 标签还有助于搜索引擎检索到标签中的数据，并且提高这个数据在搜索引擎中检索的优先级。

　　最后就是加入购物车（ADD TO CART）按钮的设置了。我们创建一个 <button> 标签，然后把 <button> 标签的 CSS 样式表设置成按钮的样子。如果不设置，则浏览器也会给 <button> 标签设置默认的按钮样式，参见第 6 章。

　　接下来我们只需要把商品容器（class 值为 entry 的 div）放入行（class 值为 row 的 div 容器）中即可，一行放两个商品容器，然后复制 5 行代码之后，就能看到商品列表，如图 4-5 所示。

图 4-5　前端商品列表页

至此前端的商品列表界面就完成了，这仅仅是用户可见部分功能的完成，后续我们会完成其他功能。

4.3　移动端商品列表布局

将移动端通用头部布局嵌入到商品列表后，我们需要在商品列表中填充内容。我们会把这个开发流程拆分为三个部分：商品 Bean、xml 布局文件、列表数据装载，如图 4-6 所示。

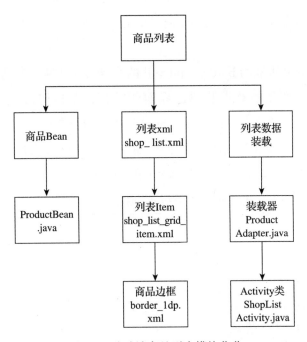

图 4-6　移动端商品列表模块化分

第一部分需要创建一个基础类，这个基础类主要是帮助我们管理商品的各个属性，通常我们把这种 Java 类称为 JavaBean。

拓展知识　JavaBean 是特殊的 Java 类，并且遵守 JavaBean API 规范。具体规范如下所示。

1）提供一个默认的无参构造函数（就算不写的话，也会默认生成）。

2）需要被序列化并且实现了 Serializable 接口。实际上 Serializable 是一个空接口，Serializable 接口就是 Java 提供用来进行高效率异地共享实例对象的机制，实现 JavaBean 中具体的属性，如为 JavaBean 设置读取操作的 getter、setter 方法。

第二部分主要是编写列表界面所需要的 xml 布局文件，其中商品列表依赖的 xml 布局文件有 3 个。

❑ 第一个是 shop_list.xml，也就是商品列表的主界面的 xml 布局文件。

❑ 第二个是商品列表中某个具体商品的布局文件，也就是 shop_list_grid_item. xml 布局文件。

❑ 第三个是商品边框的 border_1pd.xml 的背景布局文件，参见 4.1 节。

第三部分是把商品的数据装载进界面的过程，即将初始化的数据 Bean 通过 ProductAdapter 类迭代器装载到具体的 ShopListActivity 类中。

下面介绍商品列表的产生过程。我们创建一个名为 ProductBean.java 的文件，文件中主要是商品的各种属性。具体如代码清单 4-6 所示。

代码清单4-6　ProductBean.java文件

```java
package bean;

import java.io.Serializable;

public class ProductBean implements Serializable {
    private int id;
    private String name;
    private int starnum;
    private int cast;
    private int imgsrc;
    private static final long serialVersionUID = 1L;

    public ProductBean(String vname, int vstarnum, int vimgsrc){
        this.name = vname;
        this.starnum = vstarnum;
        this.imgsrc = vimgsrc;
    }
```

```
    public String getName() {
        return name;
    }

    public void setName(String name) {
        this.name = name;
    }

    public int getId() {
        return id;
    }
    //此处省略部分getter/setter代码
}
```

在移动端主要使用的 Java 语言中，类的变量有私有变量（private）、保护变量（protect）和公共变量（pubilc）的区别，实际是引用范围的区别。如何让一个完全不懂 Java 的前端工程师理解这几个关键字的含义呢？我们可以这么理解：public 修饰的变量可以通过创建出来的类点（.）获取；private 修饰的变量无法通过创建出来的类点获取；protect 理解起来可能要更难一点，因为前端没有这种“包”的概念，好在本书中所有的变量修饰都不使用 protect 变量，感兴趣的读者可以自己找资料研究。

🔘 拓展知识　下面是 Java 对于 class 各种变量修饰的作用范围。

	public	protec	private
同一类	可以	可以	可以
同一包	可以	可以	不可以
子类中	可以	可以	不可以
不同包	可以	不可以	不可以

我们设计的商品类中包含 6 个属性，它们分别是 id（商品 id）、name（商品名称）、starnum（商品评价、星级）、cast（商品价格）、商品图片（imgsrc）、serialVersion-UID[⊖]。其中 id 在展示商品详情的时候，是要把这个参数发给后端接口，以获取商品详细信息的，其他字段均是在列表展示商品页面所使用的。到这里商品列表所需要

⊖ serialVersionUID 主要为 Serializable 提供方便使用的标识。如果不设置，则系统会默认生成一个，但是这样可能会导致 InvalidCastException 反序列化异常。

的 Bean 类准备完毕了。

接下来我们需要准备商品列表的布局文件：①列表页最外层布局，也就是 Activity 所依赖的 shop_list.xml；②列表中的商品布局 shop_list_grid_item.xml；③商品边框布局 border_1dp.xml。

我们可以使用 <ListView> 标签或者 <GridView> 标签来实现商品列表。它们两个的差别主要是 <ListView> 标签偏向于单纯的列表，<GridView> 标签偏向于一行有多个元素的阵列列表，所以我们选择 <GridView> 标签。但是使用 <ListView> 标签也可以实现商品列表功能，只不过需要在每一行中再插入一个容器来表述列的关系，略显麻烦。这有点类似于前端工程师在选择对应的标签时，虽然大部分都可以通过对 <div> 标签进行样式表述来实现，但是通常还是会遵循前端语义化的设计：语义化规范建议使用什么标签，就使用什么标签。

<GridView> 标签的具体代码如代码清单 4-7 所示。其实下列代码中最主要的视图就是 <GridView> 标签，它有 3 个特有的属性。

❑ numColumns：<GridView> 标签是一行含有多个元素的阵列列表，即一行显示几个元素（有多少列），numColumns 就是用来设置这个值的，在代码清单4-7 中这个值为 2，表示商品列表以两列展示。

❑ verticalSpacing：垂直边距，即 <GridView> 标签中每一行的行间距，我们设置行间距为 20dp。

❑ horizontalSpacing：水平边距，即 <GridView> 标签中每一列的列间距，我们设置列间距为 20dp。

代码清单4-7   <GridView>标签视图的具体代码

```
<LinearLayout xmlns:android="http://schemas.android.com/apk/res/android"
    android:orientation="vertical"
    android:background="#ffffff"
    android:layout_width="match_parent"
    android:layout_height="match_parent">
    <!-- 通用头部展示区 -->
    <LinearLayout
        android:id="@+id/linearLayout_main"
        android:orientation="vertical"
        android:layout_width="match_parent"
        android:layout_height="50dp">
```

```
    </LinearLayout>

    <!--商品列表展示区-->
    <GridView
        android:id="@+id/grid_product"
        android:layout_width="match_parent"
        android:layout_height="wrap_content"
        android:verticalSpacing="20dp"
        android:horizontalSpacing="20dp"
        android:paddingStart="20dp"
        android:paddingEnd="20dp"
        android:numColumns="2" />
</LinearLayout>
```

　　我们下一步该进行 <GridView> 标签中每个商品的布局开发了。还记得咱们之前创建的商品的 ProductBean 类吗？ ProductBean 类中的大部分属性都要在 <GridView> 标签中展示。不过每个 ProductBean 类的实例也都需要一个 xml 布局文件来作为在 <GridView> 标签或 <ListView> 标签中的载体。通常情况下，我们称 <GridView> 标签或者 <ListView> 标签内的独立布局为 Item（布局文件）。也就是说，ProductBean 与 Item 自定义布局的关系是对应的，一般 ProductBean 类中有什么属性，Item 自定义布局中就会留有这些属性的展示位置。所以接下来需要编写商品所在 Item 的具体 xml 布局代码。

　　首先创建一个名为 shop_list_grid_item.xml 的文件，然后在 shop_list_grid_item. xml 创建一个 <ImageView> 标签（用来展示商品图片）、两个 <TextView> 标签（分别用来展示商品名称和商品价格）、一个 <Button> 标签（添加购物车的按钮），具体如代码清单 4-8 所示。我们主要运用了 3.2.1 节介绍的布局方式，这部分并没有什么特殊的，唯独在 Button 按钮视图中有个地方需要了解：在背景颜色和 <Button> 标签内的文字颜色设置中，除了可以使用 RGB 的十六进制颜色表示之外，还可以通过 shape 描述文件来设置颜色（后续介绍商品边框时就会使用这种方法）。

代码清单4-8　shop_list_grid_item.xml代码（商品视图）

```
<?xml version="1.0" encoding="utf-8"?>
<RelativeLayout xmlns:android="http://schemas.android.com/apk/res/android"
    android:layout_width="match_parent"
    android:layout_height="240dp"
```

```
        android:layout_marginLeft="10dp"
        android:layout_marginRight="10dp"
        android:gravity="center"
        android:background="@drawable/border_1dp"
    >

    <ImageView
        android:id="@+id/img_icon"
        android:layout_width="120dp"
        android:layout_height="120dp"
        android:layout_alignParentTop="true"
        android:layout_centerHorizontal="true"
        android:layout_marginTop="20dp"
        android:src="@mipmap/ic_launcher" />

    <TextView
        android:id="@+id/txt_name"
        android:layout_width="wrap_content"
        android:layout_height="wrap_content"
        android:layout_centerHorizontal="true"
        android:layout_alignParentBottom="true"
        android:layout_marginBottom="70dp"
        android:text="商品名称"
        android:textSize="14sp" />
    <TextView
        android:id="@+id/txt_cast"
        android:layout_width="wrap_content"
        android:layout_height="wrap_content"
        android:layout_centerHorizontal="true"
        android:layout_alignParentBottom="true"
        android:layout_marginBottom="45dp"
        android:text="$124"
        android:textSize="16sp" />

    <Button
        android:id="@+id/add_cast"
        android:layout_width="100dp"
        android:layout_height="25dp"
        android:layout_centerHorizontal="true"
        android:background="#52c0ff"
        android:textColor="#ffffff"
        android:layout_alignParentBottom="true"
        android:layout_marginBottom="10dp"
        android:text="ADD TO CAST"
        android:textSize="14sp" />

</RelativeLayout>
```

在 Android Studio 中完成代码清单 4-8 的内容后，我们可以在 Android Studio 的 Preview（预览界面）中看到 shop_list_grid_item.xml 的实际效果，如图 4-7 所示。Android 开发的静态布局均可以在 Android Studio 的 Preview 中看到具体的结果。

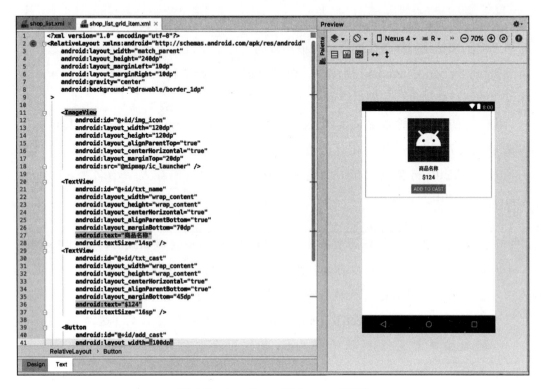

图 4-7　shop_list_grid_item.xml 预览

对照图 4-6 所罗列的商品列表模块，下一步就要进行商品边框描述文件的开发，具体参见 3.3.2 节，只不过 3.3.2 节是利用 <solid> 标签来实现的。

这里我们会介绍边框的另一种画法，具体如代码清单 4-9 所示，其实关键代码就是一个 <stroke> 标签。<stroke> 标签就是用来描述边框的，它的 width 属性可设置边框宽度（1dp），color 属性可设置边框颜色（#f5f5f5）。

代码清单4-9　border_1dp.xml代码（商品边框）

```xml
<?xml version="1.0" encoding="utf-8"?>
<shape xmlns:android="http://schemas.android.com/apk/res/android" >
```

```
    <stroke
        android:width="1dp"
        android:color="#f5f5f5" />
</shape>
```

至此，商品列表界面所需的基础数据 Bean 类，以及相关的 xml 文件均已准备完毕。接下来是我们准备数据展示时最关键的一环了，也就是初始化数据：把数据更新到 shop_list_grid_item.xml 视图中，再把 shop_list_grid_item.xml 放入 <GridView> 标签中的每行数据里，从而最终看到整个商品列表界面。

我们先初始化几个商品的实例，并把它们放入一个 ArrayList 容器中，具体如代码清单 4-10 所示。（此初始化代码在 ShopListActivity.java 中添加。）在代码中，我们通过 ProductBean 类创建了 6 个商品实例，然后把它们存入一个名为 mData 的 ArrayList 实例中。

 拓展知识 ArrayList 是一种特殊的动态数组，它和普通的 Array 数组最大的区别有两个。第一个是 ArryList 可以存储异构数据，即在 ArrayList 中可以出现多种数据类型，因为它里面存放的都是被"装箱"了的 Object 型对象，实际上 ArrayList 内部就是使用"object[] _items"私有字段来封装对象的（这与 JavaScript 的数组非常类似），但是在 Array 数组中存储的数据必须为相同的数据类型。

第二个是 ArrayList 是长度可变的，它支持动态改变数组的长度（这与 JavaScript 的数组也非常类似），但是 Array 数组不支持更改数组长度。

代码清单4-10　商品数据初始化

```
mData = new ArrayList<ProductBean>();
mData.add(new ProductBean("screw1", "$143",R.mipmap.store1));
mData.add(new ProductBean("screw2", "$132",R.mipmap.store2));
mData.add(new ProductBean("screw3", "$323",R.mipmap.store3));
mData.add(new ProductBean("screw4", "$313",R.mipmap.store4));
mData.add(new ProductBean("screw5", "$233",R.mipmap.store5));
mData.add(new ProductBean("screw6", "$653",R.mipmap.store6));
```

需要展示的商品数据有了，接下来就要考虑如何把数据放在 <GridView> 标签中了。在 Android 中的所有列表类，无论是 <GridView>、<ListView> 还是 Android 5.0 推出的 <RecyclerView> 标签，均需要一个装载器类来装载数据。这个装载器主要是把数据绑定到 <GridView> 标签上，提供更新 <GridView> 标签数据的方法，并且响应各种用户操作事件。与前端不同的是，适配器也是 Android 移动端开发中特有的。如果要以前端的角度来理解数据装载器，那就将其理解为操作列表数据的工具箱吧。

首先，我们创建一个名为 ProductAdapter.java 的文件，实现初始化接口，具体如代码清单 4-11 所示。ProductAdapter.java 要继承 BaseAdapter 类，操作列表的大部分接口、抽象类均源自 BaseAdapter 类。接着，我们要实现 ProductAdapter 最常规的 4 个函数。

1）getCount：获取 <GridView> 标签中的商品总个数数据。

2）getItem：以下标为参数获取某个具体的商品对象。

3）getItemId：当我们无法以 position 这种下标方式来标记元素时，用以唯一标记元素。因为在数据操作过程中，可能会出现增加或者删除的情况，如果这种情况使用 position 来标记数据很可能出现选择元素错误的情况。

4）getView：主要用于返回一个视图，该视图就是 <GridView> 标签展示的商品。通常我们在 getView 函数中会进行一些事件的绑定，这通过 bindView 实现。在 ProductAdapter.java 中可以看到一个叫作 bindView 的抽象方法，具体的实现在 ShopList Activity.java 中。后续绑定列表视图中的点击事件也会使用 bindView。

代码清单4-11　ProductAdapter的初始化接口实现

```
public ProductAdapter(ArrayList<T> mData, int mLayoutRes) {
    this.mData = mData;
    this.mLayoutRes = mLayoutRes;
}
public abstract void bindView(ViewHolder holder, T obj);

@Override
public int getCount() {
    return mData != null ? mData.size() : 0;
}

@Override
public T getItem(int position) {
    return mData.get(position);
```

```
    }

    @Override
    public long getItemId(int position) {
        return ((ProductBean) mData.get(position)).getId();
    }
    @Override
    public View getView(int position, View convertView, ViewGroup parent) {
        ViewHolder holder = ViewHolder.bind(parent.getContext(), convertView, parent,
            mLayoutRes
                , position);
        bindView(holder, getItem(position));
        return holder.getItemView();
    }
```

在代码清单 4-11 的 getView 函数中有一个 ViewHolder 类，这个类主要用来描述和缓存 <GridView> 标签中的元素。ViewHolder 类代码可能相对较长，让我们进行详细的讲解。ViewHolder 类的实现如代码清单 4-12 所示。我们可以把 ViewHolder 类理解为一个具体的商品类，不过它只负责对具体商品的 UI 操作，这一点与 ProductBean 类还是有所不同的。

> 🎯 拓展知识 ViewHolder 类通常出现在适配器里，为的是 <ListView>、<GridView>、<Recycler View> 标签滚动的时候，能够在复用之前创建出来 View 对象，而不必每次都重新创建很多 View 对象，从而提升性能。在 Android 开发中，<ListView>、<GridView>、<RecyclerView> 标签是非常常用的列表组件，它们以列表的形式根据数据的长度自适应展示具体内容，用户可以自由定义其布局，但当它们有大量的数据需要加载时，会占据大量内存，影响性能，这时候就需要按需填充，并重复使用 View 对象来减少对象的创建带来的性能损耗。

代码清单4-12　ProductAdapter类的ViewHolder类的实现

```
public static class ViewHolder {

    private SparseArray<View> mViews;        //存储GridView的item中的View
    private View item;                       //存放convertView
    private int position;                    //游标
    private Context context;                 //Context上下文
```

```java
//构造方法，完成相关初始化工作
private ViewHolder(Context context, ViewGroup parent, int layoutRes) {
    mViews = new SparseArray<>();
    this.context = context;
    View convertView = LayoutInflater.from(context).inflate(layoutRes, parent,
        false);
    convertView.setTag(this);
    item = convertView;
}

//绑定ViewHolder与item
public static ViewHolder bind(Context context, View convertView, ViewGroup
    parent, int layoutRes, int position) {
    ViewHolder holder;
    if (convertView == null) {
        holder = new ViewHolder(context, parent, layoutRes);
    } else {
        holder = (ViewHolder) convertView.getTag();
        holder.item = convertView;
    }
    holder.position = position;
    return holder;
}

@SuppressWarnings("unchecked")
public <T extends View> T getViewById(int id) {
    T t = (T) mViews.get(id);
    if (t == null) {
        t = (T) item.findViewById(id);
        mViews.put(id, t);
    }
    return t;
}


/**
 * 获取当前条目
 */
public View getItemView() {
    return item;
}

/**
 * 设置文字
 */
public ViewHolder setText(int id, CharSequence text) {
    View view = getViewById(id);
```

```
        if (view instanceof TextView) {
            ((TextView) view).seLText(text);
        }
        return this;
    }

    /**
     * 设置价格
     */
    public ViewHolder setCast(int id, CharSequence cast) {
        View view = getViewById(id);
        if (view instanceof TextView) {
            ((TextView) view).setText(cast);
        }
        return this;
    }

    /**
     * 设置图片
     */
    public ViewHolder setImageResource(int id, int drawableRes) {
        View view = getViewById(id);
        if (view instanceof ImageView) {
            ((ImageView) view).setImageResource(drawableRes);
        } else {
            view.setBackgroundResource(drawableRes);
        }
        return this;
    }}
```

代码清单 4-12 中的构造函数首先创建了一个 mViews 专门用来缓存列表中正在展示元素的视图列表，然后通过 bind 函数把每一次展示的 View 都存储到 mViews 并且打上 Tag。如果展示的是缓存在 mViews 中的元素，就不会向 mViews 添加新的缓存元素，而是通过 getViewById 把元素重新提取出来并展示。这样在多次滑动列表并触发 getView 函数时，可以直接使用缓存元素进行渲染。

除此之外，ViewHolder 中还有 3 个关键函数，分别是 setText、setImageResource、setCast，以设置商品名称、商品图片、商品价格的具体值。有了这 3 个函数就能完成商品数据的展示设置。

接下来我们要在 Activity 中把数据和视图进行融合，整体思路是这样的：首先获取商品列表对应的 <GridView> 标签，然后把我们刚刚创建的 ProductAdapter

类进行初始化，并且把代码清单 4-10 中的初始化数据 mData 作为参数，传递到 ProductAdapter 类中，再通过对 ProductAdapter 类中的 bindView 抽象函数的实现，将商品图片、商品名称以及商品价格等数据通过复制更新到对应的 ViewHolder 视图中。代码其实并不多，具体实现如代码清单 4-13 所示。

代码清单4-13　商品列表数据更新

```
mGrid_product = findViewById(R.id.grid_product);
mAdapter = new ProductAdapter(mData, R.layout.shop_list_grid_item) {
    @Override
    public void bindView(final ViewHolder holder, final Object obj) {
        holder.setImageResource(R.id.img_icon, ((ProductBean)obj).getImgsrc());
        holder.setText(R.id.txt_name, ((ProductBean)obj).getName());
        holder.setCast(R.id.txt_cast, ((ProductBean)obj).getCast());
    }
};
```

在完成这部分代码之后，我们运行一下工程，就可以在 Android 开发机看到商品列表界面，如图 4-8 所示。

图 4-8　移动端商品列表展示

到这里，关于商品列表的移动端和前端布局部分就完成了。我们将在 4.4 节中详细介绍二者实现商品列表布局的差异点，以及可以通过哪些已知知识点进行对比理解。

4.4 小结

以下是商品列表的前端、移动端布局功能的相似点与差异点，按相似度从大到小进行排列，即最后一条基本不相似（越上层越偏向逻辑层，抽象化能力越强），这也是本书中很关键的知识点。

1. 前端、移动端最相似的地方

前端和移动端商品列表中的开发模型几乎一致，都是先抽取公共布局部分，然后锁定公共部分的内容后画出列表的框架，紧接着描述每个框架中的最小单元，最后把数据融入已经编写好的布局中（大部分端展示技术均按此顺序）。

2. 前端、移动端较相似的地方：节点操作能力

1）在前端和移动端均有对应的嵌入布局方案，比如前端可以通过 iframe 来进行布局的嵌入，移动端可以通过 LayoutInflater 来实现。

2）两者都可以在逻辑层（JavaScript 和 Java）通过页面节点遍历的方式获取某个节点，只不过前端使用的是 Document.getElementById，而移动端使用的是 findViewById。当然两端也有类似的能力来操作页面上的节点（增、删、改、查、位移）。

3）在数据更新方面，前端可以通过 innerHTML 属性来更新元素中的文本内容（不限于文本内容），在移动端中可以通过 View 的 setText 函数来更新元素中的文本内容。

4）两者均可以通过直接在页面写静态标签的方式来展示数据，只不过在本书中前端使用的是静态写标签方式，移动端使用的是动态绘制标签的方式。但是这两种方式在前端和移动端均是通用的。

5）对于页面元素的外观（边距、颜色、背景等），前端、移动端都有对应的函数来进行操作。前端大部分元素外观属性均通过 CSS 进行设置，Android 中的元素外观一般通过 xml 设置来实现或者通过元素中的属性来实现（比如某个 View 中的

margin、centerInParent 等属性）。

3. 前端、移动端不相似的地方

1）**加载方式不同**。前端的代码加载方式均为网络加载，受网络影响较大，如果在失去网络的情况下大部分功能将无法使用。移动端（无论 Android 还是 iOS 客户端）均为本地资源加载（热更新方案除外），即所完成的界面大部分情况（无远端数据依赖时）下是可以脱离网络呈现的。

2）**运行环境的不同**。前端应用运行在浏览器沙箱环境中，对运行环境的碎片化管理相对好一些。但是移动端运行在手机操作系统中，运行环境碎片化严重（屏幕碎片化、系统碎片化），所以前端工程师在做移动端项目的时候，一定要多关注自己的项目在不同设备以及不同版本操作系统中的表现。移动端工程师在做前端项目时只需要关注主流的浏览器就可以了。这些因素都会影响项目的界面布局和逻辑实现。

我们可以从上面的差异点上看出来，大部分可抽象层面的知识还是相似的，至少在业务开发层面能够找到彼此的对应点。

商品详情页基础布局

本章开始介绍购物车页面的基础布局，因为第 4 章已经介绍了如何嵌入通用头部布局，所以本章不再重复介绍这部分内容。

5.1 前端商品详情页布局

首先，商品详情页中一定要有一个商品图片的展示区域，紧接着是此商品的供应商或者是售卖者以及商品的上架时间，下面是商品的全称（主要是搜索的商品名字），然后是商品的简介，最后就是商品评论区。

我们把这几个功能做一个简单的原型图，方便我们在开发商品详情页布局时可以参考。具体商品详情页原型图如图 5-1 所示。

我们从商品图片开始设置，因为在移动端设备上商品大图一般是宽度占满整个屏幕，高度根据商品图片等比例缩放，所以我们只需要把对应商品 <img> 标签的宽度设置为 100% 即可。当然 <img> 标签的父级元素也要设置为 100%，直到最外层宽度都要设置为 100%，商品图片的宽度才能继承最外层的屏幕宽度，但是在移动端开发过程中很少会用到百分比这个度量单位。紧接着设置供应商和商品的上架时间，我们直接使用 <ul> 和 <li> 标签这种无序列表组合就可以实现。默认的 <ul> 和 <li>

标签是带项目符号的，即列表前面会带默认的黑原点。为了方便移动端读者理解，我们可以做个小实验对比一下，参见代码清单 5-1，其执行结果如图 5-2 所示。

代码清单5-1　无序列表

```
<ul>
    <li>无序列表第一行</li>
    <li>无序列表第二行</li>
    <li>无序列表第三行</li>
</ul>
```

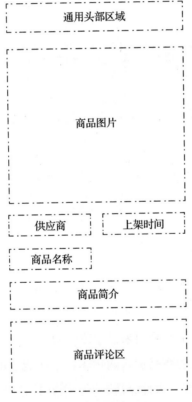

图 5-1　商品详情页原型图

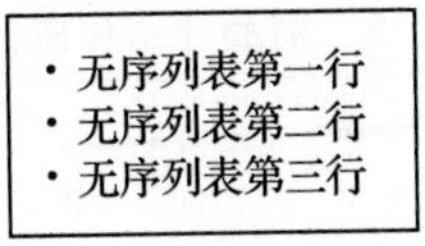

图 5-2　无序列表执行效果

如果我们要去掉文字前面的项目符号，只需要在项目的 CSS 属性中加入 list-style:none 属性，无序列表前的圆点就没有了。此外，关于这个商品页面的分享也是使用这种无序列表实现的，只不过我们要加一个可以让 <li> 标签横向排列的属性，通过给 <li> 标签设置 float:left 或者 display:inline-block 来实现，参见 3.1.1 节。需要关注的是，我们把分享渠道分为 4 种：Facebook、Twitter、Google、Instagram。具体实现如代码清单 5-2 所示。

代码清单5-2　商品介绍与分享代码实现

```
<div class="user-date">
    <ul>
        <li><a href=""><i class="fa fa-user"></i>Supplier: YUE XI</a></li>
        <li><a href=""><i class="fa fa-clock-o"></i>Launch time: 2020-7-23</a></li>
    </ul>
</div>


<div class="share">
    <ul>
        <li><h6>Share via :</h6></li>
        <li><a href=""><i class="fa fa-facebook-square"></i></a></li>
        <li><a href=""><i class="fa fa-twitter-square"></i></a></li>
        <li><a href=""><i class="fa fa-google-plus-square"></i></a></li>
        <li><a href=""><i class="fa fa-instagram"></i></a></li>
    </ul>
</div>
```

商品名称使用 <h5> 标签来进行包装，<h5> 标签本身用来展示重要的标题内容，而且其对用搜索引擎来检索产品有很好的帮助。至于商品描述的部分，我们使用 <p> 标签来描述，<p> 标签主要是用来描述段落的。

当然，把当前页面浏览的商品加入购物车这个功能点也是要有的，也可以根据语义化的要求使用 <button> 标签。大部分情况下，浏览器对 <button> 标签设置了默认的样式，但是我们针对按钮会设置一些自己想要的样式，HTML 具体实现如代码清单 5-3 所示。

代码清单5-3　商品介绍和按钮代码实现

```
<h5>YUE XI SCREW1</h5>
<p>This bolt is the best in the world. Genuine product guarantee, seven days
    no reason to return.</p>
<button class="button">Add Shop Car</button>
```

按钮默认样式如代码清单 5-4 所示，如果后续所有的 <button> 标签没有做特殊的设置，均以这种样式为准。在这个按钮样式中，实际我们并没有设置按钮的宽和高，这种设置方式在内容不固定的时候经常会用到，因为在内容不固定的时候，没办法设置宽和高。尤其在设置通用样式的时候，更不知道元素的宽和高，而且要支持按钮中的文字不能紧贴着边框，所以就用 padding 属性来设置。代码清单 5-4 把所有 class 为 button 的元素都认定为按钮，不论它是不是 <button> 标签，都会把这套按钮的样式加到对应的元素上。

代码清单5-4　button按钮默认样式

```
/*===================
    button
===================*/
.button {
    background: #52c0ff;
    border: 0;
    border-color: transparent;
    color: #fff;
    padding: 2px 12px;
    border-radius: 2px;
    font-size: 13px;
    font-weight: 400;
}
```

最后需要展示的就是商品评论了，具体实现如代码清单 5-5 所示。我们先创建一个 class 为 comment 的 <div> 标签作为所有评论的布局容器，然后用 <h6> 标签作为标题容器（主要用来放商品的评价），接着创建一个 class 为 content 的 <div> 标签作为每一条评论的布局容器，也就是说如果一个商品有多条评论，那么在评论区就会出现多个 content 容器。在 content 容器中，需要一个 <img> 标签来展示评论者的头像图片，并且设置 alt 属性。这里要说一下 alt 属性的作用，在网络情况不好的时候，或者其他原因致使前端图片无法展示时，alt 属性中的内容就会展示出来，这算是一种友好的用户提示。Android 的评论功能实现中通常不用自己实现的组装列表，而是使用更为稳妥的 <ListView> 标签来实现，具体参见 5.2 节。

代码清单5-5　商品评论布局代码

```
<div class="comment">
    <h6>2 Comment</h6>
    <div class="content">
```

```
    <img src="img/buy1.png" alt="">
    <div class="entry">
        <strong><a href="">Neo Chen</a></strong>
        <p>This bolt is not hard to screw.This bolt is not hard to screw.</p>
    </div>
</div>
<div class="content">
    <img src="img/buy2.png" alt="">
    <div class="entry">
        <strong><a href="">Mary Wang</a></strong>
        <p>It's very easy to use</p>
    </div>
</div>
</div>
```

在代码清单 5-5 中还出现了一个我们之前没有见过的 <strong> 标签，其主要是用于表示标签中的文字是要着重强调的，如文字内容加粗。在 Android 开发中，我们通常使用 android:textStyle="bold" 来设置一段文字加粗效果。

然后，我们把整个商品详情页布局相关的代码整合在一起，并运行起来，看看商品详情页的最终结果，完整代码如代码清单 5-6 所示。

代码清单5-6　商品详情页布局完整代码

```
<iframe class="header_iframe" src="header.html"></iframe>
<!-- blog single-->
<div class="entry">
    <img src="img/store2.jpeg" alt="">
    <div class="user-date">
        <ul>
            <li><a href=""><i class="fa fa-user"></i>Supplier: YUE XI</a></li>
            <li><a href=""><i class="fa fa-clock-o"></i>Launch time: 2020-7-23</a></li>
        </ul>
    </div>
    <h5>YUE XI SCREW1</h5>
    <p>This bolt is the best in the world. Genuine product guarantee, seven
        days no reason to return.</p>
    <button class="button">Add Shop Car</button>
    <div class="share">
        <ul>
            <li><h6>Share via :</h6></li>
            <li><a href=""><i class="fa fa-facebook-square"></i></a></li>
            <li><a href=""><i class="fa fa-twitter-square"></i></a></li>
            <li><a href=""><i class="fa fa-google-plus-square"></i></a></li>
            <li><a href=""><i class="fa fa-instagram"></i></a></li>
        </ul>
    </div>
```

```
    <div class="comment">
        <h6>2 Comment</h6>
        <div class="content">
            <img src="img/buy1.png" alt="">
            <div class="entry">
                <strong><a href="">Neo Chen</a></strong>
                <p>This bolt is not hard to screw.This bolt is not hard to screw.</
                    p>
            </div>
        </div>
        <div class="content">
            <img src="img/buy2.png" alt="">
            <div class="entry">
                <strong><a href="">Mary Wang</a></strong>
                <p>It's very easy to use</p>
            </div>
        </div>
    </div>
</div>
<!-- end blog single -->
```

代码清单 5-6 通过 <iframe> 标签的方式把通用头部引入进来，然后我们就能看到商品详情页布局了，如图 5-3 所示。

图 5-3　前端商品详情页

至此商品详情页的基本布局界面就完成了。

5.2 移动端商品详情页布局

商品详情页的原型在 5.1 节已经展示过了，这里就不再介绍了。我们要创建一个通用头部，具体参见 4.2 节。需要注意的是，移动端在引入通用头部之前，需要我们在 ShopDetailActivity 对应的布局文件 shop_detail.xml 中加入通用头部的容器。

紧接着遵循我们之前在前端页面实现商品详情页的布局顺序，首先需要加入布局文件中的就是商品图片，然后是商品的供应商和上架时间，这部分需要介绍的细节较多，具体布局如代码清单 5-7 所示。

代码清单5-7　商品供应商与上架时间

```
<ImageView
    android:id="@+id/product_img"
    android:layout_width="match_parent"
    android:layout_height="380dp"
    android:src="@mipmap/store1"/>
<LinearLayout
    android:orientation="horizontal"
    android:layout_width="match_parent"
    android:paddingLeft="5dp"
    android:paddingRight="5dp"
    android:layout_height="30dp">
    <ImageView
        android:layout_width="30dp"
        android:layout_height="30dp"
        android:src="@mipmap/supplier"
    />
    <TextView
        android:layout_height="wrap_content"
        android:layout_width="wrap_content"
        android:layout_gravity="center"
        android:text="Supplier: "
    />
    <TextView
        android:id="@+id/supplier"
        android:layout_height="wrap_content"
        android:layout_width="wrap_content"
        android:maxWidth="50dp"
```

```
            android:singleLine="true"
            android:ellipsize="end"
            android:layout_gravity="center"
            android:text="YUE XI"
        />
        <ImageView
            android:layout_marginLeft="20dp"
            android:layout_width="30dp"
            android:layout_height="30dp"
            android:src="@mipmap/launchtime"
        />
        <TextView
            android:layout_height="wrap_content"
            android:layout_width="wrap_content"
            android:layout_gravity="center"
            android:text="Launch time: "
        />
        <TextView
            android:id="@+id/launchtime"
            android:layout_height="wrap_content"
            android:layout_width="wrap_content"
            android:layout_gravity="center"
            android:text="2020-7-23"
        />
    </LinearLayout>
```

在代码清单 5-7 中，我们首先用一个 <ImageView> 标签把商品大图加载出来，且要给 <ImageView> 标签添加一个 id，因为现在 <ImageView> 标签所展示的商品是固定的，而后续我们在这个页面所展示的商品图片是动态的，所以需要操作 id 来替换图片。

紧接着是一个 <LinearLayout> 标签，这个标签主要是用来存放供应商、上架时间等字段的，并且 <LinearLayout> 标签中的元素使用的是水平布局方式。

在 <LinearLayout> 标签中，首先要把供应商和上架时间的小图标以 <ImageView> 标签的方式加入到 <LinearLayout> 标签中，紧接着加入对应的文本，文本中有两个部分是固定的："Supplier:" 和 "Launch time:"。这两个文本不用太关注，我们需要关注另外两个 <TextView> 标签：id 为 supplier 的 <TextView> 和 id 为 launchtime 的 <TextView> 标签。这两个标签会用到 3 个属性来控制其中的内容——maxWidth、singleLine、ellipsize。因为我们无法控制商品的供应商名字的宽度，所以必然要有一个最大宽度来限定其宽度，避免商品供应商名字过长把容器撑大或者遮挡其他内容。

我们使用 maxWidth 属性来控制最大宽度。那么超过 maxWidth 所设置的宽度会怎么样呢？其实内容会出现折行，具体情况如图 5-4 所示。

图 5-4　超出部分会折行

但是当我们使用 singleLine 属性之后，<TextView> 标签中的内容就不会出现折行，再加上 ellipsize 属性就能保证超出部分显示省略号。在我们加入这两个属性后，就会看到如图 5-5 所示的界面，超出部分确实变为省略号，也更美观一些。

图 5-5　前端商品详情页面超出部分省略号

拓展知识　在前端中也存在文本超出容器宽度不换行和超出部分显示省略号的属性：超出内容宽度不换行的属性是 white-space:nowrap，超出部分显示省略号的属性是 text-overflow:ellipsis。我们可以理解为 Android 的 singleLine 对应前端的 white-space 属性，Android 的 ellipsize 属性对应前端的 text-overflow 属性，并且两组属性的作用基本一致。

下一步要加入商品名称以及商品介绍，这部分内容依然用到 <TextView> 标签。设置好相应的边距，紧接着是使用 <Button> 标签创建加入购物车按钮，其实它和前端的 <Button> 标签基本没有区别，只不过在前端界面中按钮的圆角设置相对简单一些。前端圆角设置是通过 border-radius 来实现，但是在 Android 开发中，圆角的实现是通过 xml 文件进行描述。比如，我们想把一个按钮设置成蓝色的圆角按钮，先创建一个名为 radius_blue.xml 的文件，具体如代码清单 5-8 所示。

代码清单5-8　设置圆角边框

```xml
<?xml version="1.0" encoding="utf-8"?>
<shape xmlns:android="http://schemas.android.com/apk/res/android">
    <solid android:color="#52c0ff"/>
    <corners android:radius="5dp"/>
</shape>
```

然后在 shop_detail.xml 文件加入商品名称与简介，最后加入按钮，并且将按钮的背景设置为我们刚刚创建的 radius_blue.xml，具体如代码清单 5-9 所示。

代码清单5-9　添加商品信息与按钮

```xml
<TextView
android:layout_height="wrap_content"
android:layout_width="wrap_content"
android:layout_gravity="left"
android:text="YUE XI SCREW1"
android:layout_marginLeft="10dp"
android:textSize="16sp"
/>
<TextView
android:layout_height="wrap_content"
android:layout_width="wrap_content"
```

```
android:layout_gravity="left"
android:text="This bolt is the best in the world. Genuine product guarantee,
    seven days no reason to return."
android:layout_marginLeft="10dp"
android:textColor="#888888"
android:textSize="12sp"
/>

<Button
android:layout_width="100dp"
android:layout_height="30dp"
android:layout_marginTop="5dp"
android:layout_marginLeft="10dp"
android:textSize="12dp"
android:background="@drawable/radius_blue"
android:textColor="#ffffff"
android:text="Add Shop Car"
/>
```

需要注意的是，代码清单 5-9 的代码要放在商品供应商以及商品上架时间的
<LinearLayout> 标签外，因为我们希望这部分内容是纵向排列，且不会出现在商品
供应商右侧（处于同一行）。当我们运行这部分代码之后就能看到如图 5-6 所示的界
面了。

图 5-6　购物车商品界面

接下来介绍分享界面布局，其实也不复杂，和供应商、商品上架时间界面的布局差不多，也是使用一个横向排列的 <LinearLayout> 标签，把对应的分享 icon 包起来。我们把要使用的图片复制到 minmap-mdpi 文件夹下，以在 xml 布局文件中引用图片，具体如代码清单 5-10 所示。

代码清单5-10 分享界面布局设置

```
<LinearLayout
    android:orientation="horizontal"
    android:layout_marginTop="10dp"
    android:layout_height="20dp"
    android:layout_width="wrap_content"
    android:paddingLeft="10dp"
    android:paddingRight="5dp"
    >
    <TextView
    android:layout_width="wrap_content"
    android:layout_height="20dp"
    android:text="Share via :"
    />
    <ImageView
    android:layout_width="20dp"
    android:layout_height="20dp"
    android:src="@mipmap/facebook"
    android:layout_marginLeft="10dp"
    />
    <ImageView
    android:layout_width="20dp"
    android:layout_height="20dp"
    android:src="@mipmap/twiiter"
    android:layout_marginLeft="5dp"
    />
    <ImageView
    android:layout_width="20dp"
    android:layout_height="20dp"
    android:src="@mipmap/google"
    android:layout_marginLeft="5dp"
    />
    <ImageView
    android:layout_width="20dp"
    android:layout_height="20dp"
    android:src="@mipmap/instagram"
```

```
    android:layout_marginLeft="5dp"
    />
</LinearLayout>
```

执行代码之后，就会看到如图 5-7 所示的界面。

图 5-7　分享界面

下面我们该开发购物车界面最后一部分布局了——商品评论区，即商品评价列表，这部分内容其实与商品列表实现方式类似，只不过商品评价需要用到另一个列表视图 <ListView> 标签来进行展示。

与第 4 章实现商品列表时一样，首先需要创建一个评论者的 CommentBean 类，这个 Bean 中具有 4 个属性：商品评论者的 id、名字、评语、评论者的头像。然后为这些属性添加 getter/setter 函数，并且要定义一个构造函数（初始化的函数），具体实现如代码清单 5-11 所示。

代码清单5-11　CommentBean类实现

```
public class CommentBean implements Serializable {
    private int id;
    private String name;
```

```
    private int imgsrc;
    private String comment;
    private static final long serialVersionUID = 2L;

    public CommentBean(int id, String name , int imgsrc , String comment){
        this.id = id;
        this.name = name;
        this.comment = comment;
        this.imgsrc = imgsrc;
    }
    public int getId() {
        return id;
    }
    public void setId(int id) {
        this.id = id;
    }
    public String getName() {
        return name;
    }
    public void setName(String name) {
        this.name = name;
    }
    public String getComment() {
        return comment;
    }
    public void setComment(String comment) {
        this.comment = comment;
    }
    public int getImgsrc() {
        return imgsrc;
    }
    public void setImgsrc(int imgsrc) {
        this.imgsrc = imgsrc;
    }
}
```

　　该 CommentBean 类也实现了 Serializable 接口（参见 4.2 节），以方便解析后续通过网络传输过来的数据。

　　接下来我们需要先创建一个供 <ListView> 标签使用的 item 布局，我们把这个布局文件命名为 shop_list_list_item.xml，紧接着把用户的头像、名字以及用户评价加入 shop_list_list_item.xml 文件中，具体如代码清单 5-12 所示。

代码清单5-12　shop_list_list_item.xml布局文件

```xml
<?xml version="1.0" encoding="utf-8"?>
<RelativeLayout xmlns:android="http://schemas.android.com/apk/res/android"
    android:layout_width="match_parent"
    android:layout_height="80dp"
    android:background="@drawable/bottom_border_1dp">
    <ImageView
        android:id="@+id/icon"
        android:layout_width="60dp"
        android:layout_height="60dp"
        android:layout_marginTop="10dp"
        android:src="@mipmap/ic_launcher" />
    <TextView
        android:id="@+id/txt_name"
        android:layout_width="wrap_content"
        android:layout_height="wrap_content"
        android:layout_marginLeft="70dp"
        android:layout_marginTop="10dp"
        android:text="Neo Chen"
        android:textSize="16sp" />
    <TextView
        android:id="@+id/comment"
        android:layout_width="wrap_content"
        android:layout_height="wrap_content"
        android:layout_marginLeft="70dp"
        android:layout_marginTop="30dp"
        android:text="This bolt is not hard to screw.This bolt is not hard to screw."
        android:textSize="16sp" />
</RelativeLayout>
```

然后在主布局文件 shop_detail.xml 中加入 <ListView> 标签，具体如代码清单 5-13 所示。

代码清单5-13　将shop_detail.xml引入<ListView>标签

```xml
<ListView
    android:id="@+id/list_comment"
    android:layout_width="match_parent"
    android:layout_height="match_parent"
    android:paddingStart="10dp"
    android:paddingEnd="10dp"
/>
```

与 4.2 节一样，我们还需用装载器把数据更新到 <ListView> 标签中，装载器的名字叫作 CommentAdapter.java。具体代码实现与商品列表的装载器基本一致，不再重复介绍了。只是需要注意，在使用装载器设置 shop_list_list_item.xml 内容的时候，别设置错了对应的元素。

接下来就是利用 shop_list_list_item.xml、CommentBean.java 和 CommentAdapter. java 来实现评价列表了，在此之前我们会把两张图片作为评论者的默认头像加入 mipmap-mdpi 文件夹中。

然后在 ShopDetailActivity.java 中初始化数据，并且把 <ListView> 标签的装载器设置为刚刚创建的 CommentAdapter 类。当然在我们实例化 CommentAdapter 类的时候，对应的 ViewHolder 函数也需要重写一下，以使 ViewHolder 将 CommentBean.java 中的属性更新到界面上，具体如代码清单 5-14 所示。

代码清单5-14　利用<ListView>标签数据装载

```
mData = new ArrayList<CommentBean>();
mData.add(new CommentBean(11324, "Neo Chen", R.mipmap.buy1, "This bolt is not
    hard to screw.This bolt is not hard to screw."));
mData.add(new CommentBean(21422, "Mary Wang", R.mipmap.buy2, "It's very easy
    to use"));
mContext = ShopDetailActivity.this;
mList_comment = findViewById(R.id.list_comment);
mAdapter = new CommentAdapter(mData, R.layout.shop_list_list_item) {
    @Override
    public void bindView(final ViewHolder holder, final Object obj) {
        holder.setImageResource(R.id.icon, ((CommentBean) obj).getImgsrc());
        holder.setText(R.id.txt_name, ((CommentBean) obj).getName());
        holder.setComment(R.id.comment, ((CommentBean) obj).getComment());
    }
};
```

在代码清单 5-14 中，我们初始化了两个 CommentBean 类的实例，也就是两条用户评论的记录，紧接着通过 findViewById 函数找到布局文件中的 <ListView> 标签，然后实例化 CommentAdapter 类，并且实现抽象函数 bindView。在 bindView 的实现中为每个 item 设置评论的头像、评论者名称以及具体的评论内容，做完这些运行一下代码，看看现在商品详情页是什么样，具体界面如图 5-8 所示。

图 5-8　加入评论的界面

我们看到界面上除了"2 Comment"之外并没有我们所期望看到的内容，往下滑动也没有发现评论信息。这是因为 Android 中的滚动条是需要手动加入的，而在前端中，当内容超过屏幕时就会自动出现滚动条，所以我们需要在 shop_detail.xml 文件中加入 <ScrollView> 标签，具体如代码清单 5-15 所示。

代码清单5-15　在商品详情页加入滚动条

```
<ScrollView android:layout_width="wrap_content"
    android:layout_height="wrap_content"
    xmlns:android="http://schemas.android.com/apk/res/android">
......
/* 商品详情页具体代码 */
......
</ScrollView>
```

其实我们只需要在最外层加上 <ScrollView> 标签就可以了，并且设置宽度、高度属性时选择 wrap_content 就好。此时再运行 App 就可以看到如图 5-9 所示的界面。

图 5-9　加入 <ScrollView> 标签的商品详情

在加入 <ScrollView> 标签之后，就可以发现手机 App 可以进行滑动了，但是我们在代码清单 5-16 中对 mData 数组设置了两个评论，为什么只有一个呢？这是因为当我们同时使用 <ScrollView> 和 <ListView> 标签时，<ScrollView> 标签需要知道内容的长度，才能计算出滚动条的长度，以及滚动条所处的位置。因为 <ListView> 标签的 item 个数是会动态变化的，所以在 <ScrollView> 标签中加入 <ListView> 标签会让系统无法准确加载 <ScrollView> 标签的滚动条高度，这也是 App 只展现一个滚动内容的原因。如果要修复这个问题，我们需要从问题的原理出发：<ListView> 标签在设置 <ListView> 标签的 onMeasure 函数（测量和设置 <ListView> 标签的宽、高）时默认选择的是 UNSPECIFIED 模式（宽或高不加约束，实际上就是不知道宽或高是多少），我们需要把它更改为 AT_MOST 模式（宽或高不超过父级布局的最大值）。

如果要更改这个模式，则需要调用在 onMeasure 中的 MeasureSpec.makeMeasureSpec 函数，并且把我们得到的返回值传递给父级的 super.onMeasure。创建一个名为 MyListView.java 的文件，让 MyListView 类继承 ListView 类，并且重写 onMeasure 函数，具体代码如代码清单 5-16 所示。

代码清单5-16　MyListView的实现

```java
public class MyListView extends ListView {
    public MyListView(Context context) {
        super(context);
    }

    public MyListView(Context context, AttributeSet attrs) {
        super(context, attrs);
    }

    public MyListView(Context context, AttributeSet attrs, int defStyleAttr) {
        super(context, attrs, defStyleAttr);
    }

    @Override
    public void onMeasure(int widthMeasureSpec, int heightMeasureSpec) {
        int mExpandSpec = MeasureSpec.makeMeasureSpec(Integer.MAX_VALUE >>
            2,MeasureSpec.AT_MOST);
        super.onMeasure(widthMeasureSpec, mExpandSpec);
    }
}
```

拓展知识　makeMeasureSpec 函数有两个参数。

第一个参数用于表示组件的限制模式，限制模式分为 3 种，具体如下。

① UNSPECIFIED 模式。父布局没有给子布局强加任何约束，子布局可以撑破父级元素，也可以小于父级元素。

② EXACTLY 模式。父布局给子布局限定了准确的大小，子布局的大小是确定值。

③ AT_MOST 模式。父布局给定了一个最大值，子布局的大小不能超过这个值。

第二个参数用于表示长或者宽的位数。位数的最大值为 2 的 30 次方，即 30 个格子都放满 1，至于为什么不是 32 次方，因为前两位要放的就是第一个参数。

所以，我们实际传递进去的参数是模式参数（UNSPECIFIED、EXACTLY、AT_MOST），来补齐前两个格子，然后 Integer.MAX_VALUE>>2 来补齐后面

30 个格子。最终 makeMeasureSpec 返回的就是一个拼接在一起的结果，参见源码 View.java 源码的 25751 行代码（makeMeasureSpec 函数）。

在重写了 ListView 类之后，将 shop_detail.xml 中的 <ListView> 标签替换成我们自己重写的 MyListView 类，我们把自定义标签都放入一个名为 my 的文件夹下，结果如图 5-10 所示。

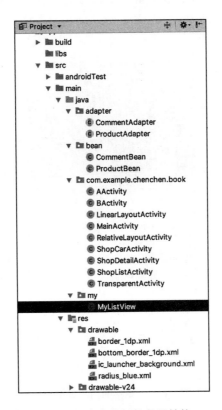

图 5-10　自定义标签目录结构

那么要如何引入自定义 <MyListView> 标签呢，具体如代码清单 5-17 所示。本书中用到的任何自定义标签都是通过这种方式使用。

代码清单5-17　调用重写的<MyListView>

```
<my.MyListView
    android:id="@+id/list_comment"
```

```
android:layout_width="match_parent"
android:layout_height="match_parent"
android:paddingStart="10dp"
android:paddingEnd="10dp"
/>
```

这时再运行一下 App，就会发现可以通过滚动的方式看到我们所设置的所有数据（包含两条商品评价），具体界面如图 5-11 所示。至此，商品详情页的所有 UI 基本编写完成了。

图 5-11 完整的商品详情页

5.3 小结

本节将聊聊前端和移动端实现商品详情页布局的相似点以及差异点。

（1）最相似的地方

1）布局模块划分基本一致，布局方式一致，且布局顺序均遵从自上而下，自左向右的布局思想。

2）关于文本显示省略号或者控制文本折行显示，移动端和前端的能力完全一致，只不过使用的 API 不同。前端实现文本在一行显示需要 3 个条件。

① 定义块元素的宽度，或者为元素设置最大宽度。

② 设置 white-space: nowrap 来实现内容超出宽度后禁止换行显示。

③ 设置 text-overflow:ellipsis 来实现文字超出部分以省略号显示。

移动端实现这个效果也基本一致，也是只需要 3 个属性。

① 定义元素的宽度，或者为元素设置最大宽度（android:maxWidth）。

② 设置 android:singleLine=true 来实现内容超出宽度后禁止换行显示。

③ 设置 android:ellipsize=end 来实现文字超出部分以省略号显示。

（2）较为相似的地方

在移动端和前端使用本地图片布局时方法基本一致，都是加载自己所在项目某个目录的图片，具体是通过元素设置 src 实现。在加载网络图片时，移动端需要自己编写图片下载器。而前端不需要，前端是设置好图片的 src 属性，浏览器会帮助开发者完成这部分工作。这部分内容将会在第 7 章详细介绍。

（3）不相似的地方

1）列表的布局方式不同，通常情况下，前端的列表布局会使用 <ul> 标签（有序列表或者无序列表）或者 <div> 来模拟列表。但是在移动端开发过程中，有固定的控件（比如 <ListView> 或者 <GridView> 标签，来进行列表布局（最新的布局通常使用 <RecyclerView> 标签，这样可以省去开发者自己维护 ViewHolder 缓存实现的工作）。而且在数据装载进列表的时候，Android 必须使用 Adapter 类或者 Adapter 的子类来装载数据，而前端更加自由一些。通常情况下也不用维护类似 ViewHolder 这类缓存信息。

2）Android 可以通过重写的方式对 <ListView> 标签进行重写，并且可以更改该标签的解析方式、外观、行为等，但是前端的 dom（浏览器对象模型）不提供这种更加灵活的自定义标签。

由于很多前端和移动端的布局共性问题在 4.3 节介绍过，因此本章就不做重复介绍了。我们将在第 6 章介绍商城的最后一个页面——购物车页的基础布局。

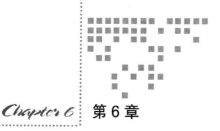

购物车页基础布局

本章开始介绍前端和移动端购物车页的基础布局，以及如何通过预览区调整布局。

6.1　前端购物车页布局

所有页面都有标题（即通用头部），且购物车中一定存在已经加入的商品列表区域。当然在单一商品展示区中还需要有把商品移出购物车的功能，以及下单按钮。

我们将这几个功能做一个简单的原型图，方便在开发购物车布局时做参考，具体原型图如图 6-1 所示。

我们在购物车的原型图中可以观察到，无论是商品列表区，还是总价计算区或者下单操作区，在第 4 章和第 5 章中都有类似的功能实现。

首先来实现商品列表区的布局，商品列表区其实就是一个列表，只不过每个列表元素的条目中都有对应的商品图片、商品价格、商品名称以及商品介绍。所以，我们需要先实现商品列表中的单个条目，然后组装成商品列表。单个条目的具体实现如代码清单 6-1 所示。

代码清单6-1　商品列表单个条目

```
<div class="row">
```

```
    <div class="col s4">
        <img src="img/store1.jpeg" alt="">
    </div>
    <div class="col s7">
        <h6>screw1</h6>
        <p>You'll have to unscrew the handles to paint the door. </p>
    </div>
    <div class="col s1">
        <a href=""><i class="fa fa-remove"></i></a>
    </div>
</div>
```

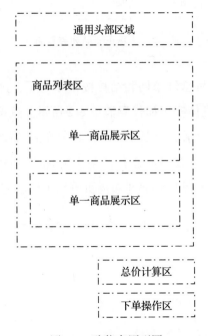

图 6-1 购物车原型图

在代码清单 6-1 中，class="col s7" 意为进行栅格化布局。紧接着，使用 <img> 标签来承载商品图片，使用 <h6> 标签承载商品名称以方便搜索引擎检索，使用 <p> 标签承载商品介绍，最后在条目的右上角加上一个 <a> 标签，当用户不想购买购物车中的某个商品时，用来取消该商品。

接下来可以复制出一个条目的布局代码，只不过要把里面的数据替换成其他的商品，运行代码之后就能看到如图 6-2 所示界面。

图 6-2　购物车商品列表界面

　　接下来我们要设计商品总价布局和结算按钮布局了，这部分更简单一些。使用 <div> 标签就能够实现，具体实现如代码清单 6-2 所示。这部分代码只需要按照栅格化布局方式实现，把价格元素罗列上去即可，其中商品名称占 12 等份中的 8 份，商品价格占 12 等份中的 4 份。在商品总价的最下方加入订购按钮，并使用通用按钮 class 样式（button class），商城的购物车布局页编码工作就基本完成了。

代码清单6-2　商品总价和结算按钮布局

```
<div class="cart-total">
    <div class="row">
        <div class="col s8">
            <h6>screw1</h6>
        </div>
        <div class="col s4">
            <h6>$150.00</h6>
        </div>
        <div class="col s8">
            <h6>screw2</h6>
        </div>
        <div class="col s4">
            <h6>$150.00</h6>
        </div>
        <div class="col s8">
            <h5>Total</h5>
        </div>
```

```
        <div class="col s4">
            <h5>$300.00</h5>
        </div>
        <button class="button">Book Now</button>
    </div>
</div>
```

然后打开浏览器访问购物车的 shop-cart.html 文件，就可以看到如图 6-3 所示的界面。

图 6-3　前端完整的购物车界面

因为购物车页面从页面布局上来讲并不复杂，所以前端购物车界面不再逐行解释代码了。

6.2　移动端购物车页布局

移动端购物车页布局也是引入通用头部，并在最外层使用 <ScrollView> 标签（因为购物车页也是列表，所以也会涉及界面的滚动操作），购物车中最主要的布局就是两个列表布局。为了避免出现 5.3 节中 <ScrollView> 与 <ListView> 标签冲突的问题，所以购物车页所使用的列表也是 5.2 节创建好的自定义列表标签 <my.MyListView>。

我们还是使用 @drawable/radius_blue 来实现购物车按钮样式。整体购物车页布局文件如代码清单 6-3 所示（省略了最外层的 <ScrollView> 标签）。

代码清单6-3　商品购物车页布局文件

```
<!-- 通用头部展示区 -->
<LinearLayout
    android:id="@+id/linearLayout_main"
    android:orientation="vertical"
    android:layout_width="match_parent"
    android:layout_height="50dp">
</LinearLayout>
<my.MyListView
    android:id="@+id/list_shop"
    android:layout_width="match_parent"
    android:layout_height="match_parent"
    android:paddingStart="10dp"
    android:paddingEnd="10dp"
    />

<my.MyListView
    android:id="@+id/list_price"
    android:layout_width="match_parent"
    android:layout_height="match_parent"
    android:paddingStart="10dp"
    android:paddingEnd="10dp"
    />
<LinearLayout
    android:layout_marginTop="20dp"
    android:layout_width="match_parent"
    android:layout_height="wrap_content"
    android:gravity="right"
    >

    <TextView
        android:layout_width="wrap_content"
        android:layout_height="wrap_content"
        android:text="Total"
        android:textSize="18sp" />

    <TextView
        android:layout_width="wrap_content"
        android:layout_height="wrap_content"
        android:layout_marginLeft="20dp"
        android:layout_marginRight="30dp"
        android:textSize="18sp"
```

```
            android:text="$140"
            />
    </LinearLayout>
```

整体的购物车页布局并没有太多差异，我们的关注点是 Adapter 的灵活应用。

购物车页中的两个 <my.MyListView> 标签使用的是第 4 章中自定义的 <MyList View> 标签。这在移动端开发中也较为常见。从数据层面来讲，所有的商品都应该具备相同的字段，比如商品名字、价格、描述等，所以理论上来说所有的商品共用的是一个 ProductBean 类。既然所有商品都是一个 ProductBean 类，是不是代表 Adapter 类也可以是一个呢？答案当然是可以的，因为 Adapter 类的功能是更新对应视图中的数据，并不关心视图的布局是什么样的，哪怕它们的界面不同。

所以，购物车页中的商品列表和价格列表可以使用之前创建的 ProductAdapter 类来进行布局。具体如代码清单 6-4 所示。

代码清单6-4　购物车的商品列表和价格列表布局

```
mDataProduct = new ArrayList<ProductBean>();
mDataProduct.add(new ProductBean("screw1", "$143",R.mipmap.store1, "You'll
have to unscrew the handles to paint the door."));
mDataProduct.add(new ProductBean("screw2", "$132",R.mipmap.store2, "The screw
    was so tight that it wouldn't move."));

mDataPrice = new ArrayList<ProductBean>();
mDataPrice.add(new ProductBean("screw1", "$143",R.mipmap.store1, "You'll have
to unscrew the handles to paint the door."));
mDataPrice.add(new ProductBean("screw2", "$132",R.mipmap.store2, "The screw
    was so tight that it wouldn't move."));

mContext = ShopCarActivity.this;
mList_shop = findViewById(R.id.list_shop);
mList_shop_price = findViewById(R.id.list_price);

mAdapter_shop = new ProductAdapter(mDataProduct, R.layout.shop_car_price_item) {
    @Override
    public void bindView(final ViewHolder holder, final Object obj) {
        holder.setImageResource(R.id.icon, ((ProductBean)obj).getImgsrc());
        holder.setText(R.id.txt_name, ((ProductBean)obj).getName());
        holder.setCast(R.id.shop_price, ((ProductBean)obj).getCast());
        holder.setCast(R.id.des, ((ProductBean)obj).getDes());
    }
```

```
        };

    mAdapter_price = new ProductAdapter(mDataPrice, R.layout.shop_car_price_total_
        item) {
        @Override
        public void bindView(final ViewHolder holder, final Object obj) {
            holder.setText(R.id.shop_car_name, ((ProductBean)obj).getName());
            holder.setCast(R.id.shop_car_price, ((ProductBean)obj).getCast());
        }
    };

    mList_shop.setAdapter(mAdapter_shop);
    mList_shop_price.setAdapter(mAdapter_price);
```

在代码清单6-4中可以看到，mAdapter_shop 和 mAdapter_price 都是实例化的
ProductAdapter 类，我们通过初始化 ProductAdapter 类时传入不同的 Item 来实现购物
车页的商品列表和商品总价界面间的差异控制，并且在 holder 中设置的内容、页面
视图 id 等都可以完全不同，这样使用起来更加灵活。我们只需要把对应的数据加入
mDataProduct 和 mDataPrice 中即可。其实我们也可以使用一个 ArrayList 来进行存储，
这里分成两个的原因是，如果后续有"优惠券"或者"满减"需求可以更加灵活地计算
总价，我们可以通过加入一个虚拟商品的方式来实现这种"优惠券"或者"满减"功能。

当然在最终执行这段代码之前，我们还需要提前把商品列表和商品总价两个
item 布局完成，因为创建 Adapter 中的 ViewHolder 时使用到了这两个 item 布局文
件：shop_car_price_item.xml（购物车页的商品详情列表）和 shop_car_price_total_
item.xml（购物车页的商品总价）。购物车页的商品详情列表布局 shop_car_price_
item.xml 如代码清单6-5所示。

代码清单6-5　购物车页的商品详情列表

```xml
<?xml version="1.0" encoding="utf-8"?>
<RelativeLayout xmlns:android="http://schemas.android.com/apk/res/android"
    android:layout_width="match_parent"
    android:layout_height="150dp"
    android:paddingTop="10dp"
    android:background="@drawable/bottom_border_1dp">

    <ImageView
        android:id="@+id/icon"
```

```
        android:layout_marginLeft="20dp"
        android:layout_width="80dp"
        android:layout_height="80dp"
        android:scaleType="centerCrop"
        android:layout_marginTop="10dp"
        android:src="@mipmap/ic_launcher" />

    <TextView
        android:id="@+id/txt_name"
        android:layout_width="wrap_content"
        android:layout_height="wrap_content"
        android:layout_marginLeft="120dp"
        android:layout_marginTop="10dp"
        android:text="Neo Chen"
        android:textStyle="bold"
        android:textSize="16sp" />

    <ImageView
        android:id="@+id/close"
        android:layout_width="15dp"
        android:layout_height="15dp"
        android:layout_marginRight="10dp"
        android:layout_alignParentRight="true"
        android:layout_marginTop="10dp"
        android:src="@mipmap/close"
    />

    <TextView
        android:id="@+id/des"
        android:layout_width="wrap_content"
        android:layout_height="wrap_content"
        android:layout_marginLeft="120dp"
        android:layout_marginTop="30dp"
        android:text="This bolt is not hard to screw.This bolt is not hard to
            screw."
        android:textSize="16sp" />

    <TextView
        android:layout_width="wrap_content"
        android:layout_height="wrap_content"
        android:layout_marginLeft="20dp"
        android:layout_marginTop="100dp"
        android:text="Price"
        android:textSize="16sp" />
    <TextView
        android:id="@+id/shop_price"
        android:layout_width="wrap_content"
        android:layout_height="wrap_content"
        android:layout_marginLeft="120dp"
```

```
            android:layout_marginTop="100dp"
            android:text="$150"
            android:textSize="16sp" />

    </RelativeLayout>;
```

完成上述布局后，我们在 Android Studio 预览区可以看到商品详情 item 界面，如图 6-4 所示。商品详情页并不完全像列表那样，采用垂直或者水平的布局，使用 <LinearLayout> 标签就可以完成。我们使用 <RelativeLayout> 标签来实现，以便可以随意调整 UI。

图 6-4   Android 购物车页的商品详情 item 界面

而另一个商品总价列表中的布局就相对简单一些，这个布局仅仅是一个 <TextView> 标签列表，是名为 shop_car_price_total_item.xml（商品总价）的布局文件，具体如代码清单 6-6 所示。

代码清单6-6   购物车页的商品总价列表

```
<?xml version="1.0" encoding="utf-8"?>
<RelativeLayout xmlns:android="http://schemas.android.com/apk/res/android"
    android:layout_width="match_parent"
```

```
        android:layout_height="50dp"
        android:background="@drawable/bottom_border_1dp">
        <TextView
            android:id="@+id/shop_car_name"
            android:layout_width="wrap_content"
            android:layout_height="wrap_content"
            android:layout_marginRight="120dp"
            android:layout_marginTop="10dp"
            android:layout_alignParentRight="true"

            android:text="Price"
            android:textSize="16sp" />
        <TextView
            android:id="@+id/shop_car_price"
            android:layout_width="wrap_content"
            android:layout_height="wrap_content"
            android:layout_marginRight="20dp"
            android:layout_marginTop="10dp"
            android:layout_alignParentRight="true"
            android:text="$150"
            android:textSize="16sp" />
</RelativeLayout>;
```

运行代码，我们就可以在 Android 布局预览区看到如图 6-5 所示的布局效果。

图 6-5　Android 购物车页的商品总价 item 界面

完成购物车的 Adapter 和对应的 shop_car_price_total_item.xml 布局文件后，再结合代码清单 6-4 中的初始化数据，我们运行 App 时就可以看到完整的购物车界面，如图 6-6 所示。

图 6-6　Android 完整的购物车界面

至此，商品列表、商品详情、购物车 3 个页面的基础布局就都完成了。

6.3　小结

我们下面会总结实现商品详情页布局的相似点。

1）布局模式相似，无论前端或者移动端界面的布局均使用了相对定位布局的方式（移动端的 <RelativeLayout> 标签和前端的 position: relative）。

2）边框、颜色、背景、文本折行，以及页面元素查找的相似点已介绍过，不再赘述。

本书从第 7 章开始将介绍一些前端、移动端垂直知识领域（图片、事件、网络数据获取），实现电子商城的功能。

前端图片与移动端图片

因为图片在手机应用中是很常用的信息展示途径，所以我们把图片单独拿出来讲。本章会介绍前端和移动端图片标签的使用、设置，以及本地图片和网络图片的加载。

7.1　前端图片标签 <img>

7.1.1　常规属性和使用

在前端开发中，图片应该是使用最多的多媒体展示形式之一，而使用图片大多是通过 <img> 标签实现的。不过，我们也可以通过设置某个特定元素的 background 属性实现。因为长度、高度、边距、边框等这些属性无法使用标准的 <img> 标签，所以本节仅讨论图片的 <img> 标签设置。

<img> 标签的可用属性有很多，因为通用属性是所有 HTML 标签都会有的，所以本章不讨论该内容。我们看一下带有 <img> 标签的图片都有哪些专有属性，具体属性介绍如表 7-1 所示。

表 7-1 <img> 标签专有属性

属性	具体表述	值类型
src	加载的图片地址	如果 <img> 标签加载的图片为本地图片，那么这个值为图片在本地设备上的磁盘路径；如果 <img> 标签需要加载的是网络图片，那么这个值需要填写图片的网络地址
alt	加载图片不成功时展示的文本，具体文本内容设置相对自由	任何文本内容
align	当 <img> 标签和文本混合在一起时使用的属性，主要用于描述图片出现在文本的什么位置	具体位置有 top、bottom、middle、left、right
height	定义图片的高度	度量单位为 % 或 px
width	定义图片的宽度	度量单位为 % 或 px
border	定义图片的边框情况	度量单位为 px
vspace	定义图片的顶部和底部留白空间	度量单位为 px
hspace	定义图片的左侧和右侧留白空间	度量单位为 px

在这些属性中，最常使用的就是 src 和 alt 属性，图片的宽、高、位置等通常使用 CSS 样式表进行设置。

> **注意** 同时设置了元素属性和 CSS 样式表时，CSS 样式表优先级要高于元素属性值。也就是说，当我们同时设置了 <img> 标签的 width、height 属性，以及 CSS 的 width、height 样式时，生效的其实只有 CSS 样式表的 width 和 height 属性，使用时要尤其注意。

7.1.2 加载失败及处理

只要是图片加载就可能会失败，所以需要了解如何处理。我们还是以第 6 章介绍的购物车页为例，将购物车页中的图片改为一个不存在的图片，具体如代码清单 7-1 所示。

代码清单7-1 购物车页的图片不存在

```
<div class="row">
```

```
    <div class="col s4">
        <img src="img/不存在的图片.jpeg" alt="图片加载失败">
    </div>
    <div class="col s7">
        <h6>screw1</h6>
        <p>You'll have to unscrew the handles to paint the door. </p>
    </div>
    <div class="col s1">
        <a href=""><i class="fa fa-remove"></i></a>
    </div>
</div>
```

这时候打开浏览器看一下购物车界面，我们就能看到如图 7-1 所示的界面。

图 7-1　商品图片加载失败

在图 7-1 中，我们可以很清楚地看到第一个商品没有加载出来，这就是在 Chrome 浏览器下图片无法加载、展示时的样子。但是我们在图片显示区域中还看到了一行字 "图片加载失败"，这行文字就是代码清单 7-1 中设置的 screw1 商品图片加载失败后展示的内容。

在这里就要提到前端 <img> 标签中 3 个非常重要的事件句柄[⊖]，如表 7-2 所示。

表 7-2   <img> 标签特有事件句柄属性

状态方法	具体表述
onabort	当用户放弃图片加载时，会触发这个事件句柄
onerror	当用户加载图片发生错误时，会触发这个事件句柄
onload	当图片加载完毕时，会触发这个事件句柄

讲到这里，大家会有一个新的问题：如果我想把所有加载错误的图片换成一致的新图片怎么换，或者我想重新加载另一张备用图片怎么实现？

我们可以使用这些事件句柄来实现上述功能，在对应图片的 onerror 句柄中加入替换图片 src 属性即可，具体如代码清单 7-2 所示。

代码清单7-2   加载失败图片替换

```
<img src="image.gif" onerror="this.src='onerror.jpg'">
```

如果我们想处理用户放弃加载一张图片时的状态，直接把 onerror 事件句柄换成 onabort 就好。但是我们想要替换多个图片，即处理多个图片的 onabort 状态时还是很麻烦的，可以使用 document.querySelectorAll 来查找对应要替换的元素集合。比如，我把所有 class 为 img 的加载失败图片都换成 onerror.jpg，用 document.query-SelectorAll(".img") 查找出所有符合条件的图片，然后通过循环的方式给它们依次设置 onabort 事件句柄即可。

7.2   移动端图片标签 <ImageView>

移动端的 <ImageView> 标签就是 Android 中常用的图片标签。与前端一样，Android 也可以通过设置页面元素 <View> 标签的 background 属性来展示图片。那么

⊖ 大多数情况下，事件句柄被理解为被动触发的一种函数状态，比如程序需要在某个特定场景下进行触发，就会用到事件句柄。移动端工程师看到这里可能会有些困惑。举个最简单的例子，Android 中的 onCreate、onStart、onStop 等函数其实都是事件句柄（有时也称作钩子函数），只不过在不同的知识体系中叫法不同，因为事件句柄是 W3C 官方的标准称谓，所以本书也使用这个叫法。

什么时候需要使用 <ImageView> 标签来展示图片，什么时候需要使用 background 属性的方式来加载图片呢？下面就来介绍。

7.2.1　常规属性和使用

<View> 标签的 backgroud 属性会拉伸图片平铺满整个 <View> 标签。但是 <Image View> 标签不仅可以选择图片拉伸，还可以选择其他的展示方式。接下来通过实际样例来观察一下二者的区别。为了方便看到对比效果，先创建一个名为 Image ViewActivity.java 的文件，作为图片测试的入口文件，具体如代码清单 7-3 所示。

代码清单7-3　ImageViewActivity代码实现

```
package com.example.chenchen.book;
import android.app.Activity;
import android.os.Bundle;
public class ImageViewActivity extends Activity {
    @Override
    protected void onCreate(Bundle savedInstanceState) {
        super.onCreate(savedInstanceState);
        setContentView(R.layout.activity_ImageView);
    }
}
```

然后我们在布局文件夹 layout 下创建一个名为 activity_ImageView.xml 的布局文件，主要用来存放需要对比的页面元素布局，具体如代码清单 7-4 所示。

代码清单7-4　activity_ImageView.xml布局文件

```
<?xml version="1.0" encoding="utf-8"?>
<LinearLayout xmlns:android="http://schemas.android.com/apk/res/android"
    xmlns:tools="http://schemas.android.com/tools"
    android:layout_width="match_parent"
    android:layout_height="match_parent"
    tools:context=".ImageViewActivity">
    <View
        android:layout_width="150dp"
        android:layout_height="200dp"
        android:background="@mipmap/store1"
```

```
                />
        <ImageView
                android:layout_width="150dp"
                android:layout_height="200dp"
                android:src="@mipmap/store1"
                />
    </LinearLayout>
```

最后，不要忘记在 AndroidManifest.xml 中更改 App 应用启动时调用的 Activity，把启动项设置为 ImageViewActivity 类。运行完 App 之后，我们可以观察到代码清单 7-4 中有两个相同大小的页面元素（150dp*200dp）：一个是普通的 <View> 标签设置 background 属性值为 store1（左图），另一个是 <ImageView> 标签设置 src 属性值为 store1（右图）。接下来我们通过 Android Studio 来观察一下这两个属性展示出来的图片，如图 7-2 所示。

图 7-2　background 与 src 属性对比

在图 7-2 中，<View> 标签的 background 属性和 <ImageView> 标签的 src 属性有两个区别。第一个区别是，左侧 <View> 标签的 background 属性设置的图片是默认拉伸的，右侧 <ImageView> 标签的 src 属性设置的图片是原图大小展示。第二个区别是，<View> 标签的实现类 View（<ImageView> 标签的实现类 ImageView 其实也是继承了 View 类）的透明度都是针对 background 属性设置的。<ImageView> 标签并没有单独针对透明度的属性可以设置。

　　<ImageView> 标签的通用属性已在 3.2 节做了详细介绍，本节只介绍属于 <ImageView> 标签的属性，即 android:scaleType 属性。这个属性主要是用来描述一张图片在 <ImageView> 标签中的具体位置，如表 7-3 所示。

表 7-3　<ImageView> 标签的 android:scaleType 属性

状态方法	具体表述
fitXY	会把图片拉伸（不按比例）用以填充 <ImageView> 标签的宽和高，即图片为了适应容器大小，会引发填充图片的变形
fitStart	按比例拉伸图片，图片的高度为 <ImageView> 标签的高度，且会在 <ImageView> 标签的左边显示
fitCenter	按比例拉伸图片，图片的高度为 <ImageView> 标签的高度，且会在 <ImageView> 标签的中间显示
fitEnd	按比例拉伸图片，图片的高度为 <ImageView> 标签的高度，且会在 <ImageView> 标签的右边显示
center	<ImageView> 标签中的图片会按原图大小显示，当图片宽、高大于 <ImageView> 标签的宽、高时，截图后的图片会在中间部分显示
centerCrop	按比例放大原图，当图片的宽或者高等于某边 <ImageView> 标签的宽或高时，不再放大
centerInside	当原图宽、高等于 <ImageView> 标签的宽、高时，按原图大小居中显示；反之，将原图缩放至 <ImageView> 标签的宽、高，居中显示
matrix	<ImageView> 标签不改变原图的大小，从 <ImageView> 标签的左上角开始绘制，对图片宽、高超出 <ImageView> 标签部分进行剪切处理

　　那么上面这些 <ImageView> 标签对应的属性展示在页面上到底是什么样呢？让我们来试一下，具体如代码清单 7-5 所示。

代码清单7-5　android:scaleType属性样例

```
<GridLayout android:layout_height="match_parent" android:layout_width="wrap_content"
    android:columnCount="2"
    >
<ImageView
    android:layout_width="150dp"
    android:layout_height="100dp"
    android:src="@mipmap/store1"
    android:layout_marginLeft="10dp"
```

```
        android:layout_marginTop="10dp"
        android:background="@drawable/border_1dp"
        />
    <ImageView
        android:scaleType="fitXY"
        android:layout_width="150dp"
        android:layout_height="100dp"
        android:src="@mipmap/store1"
        android:layout_marginLeft="10dp"
        android:layout_marginTop="10dp"
        android:background="@drawable/border_1dp"
        />
    <ImageView
        android:scaleType="fitStart"
        android:layout_width="150dp"
        android:layout_height="100dp"
        android:src="@mipmap/store1"
        android:layout_marginLeft="10dp"
        android:layout_marginTop="10dp"
        android:background="@drawable/border_1dp"
        />
    <ImageView
        android:scaleType="fitCenter"
        android:layout_width="150dp"
        android:layout_height="100dp"
        android:src="@mipmap/store1"
        android:layout_marginLeft="10dp"
        android:layout_marginTop="10dp"
        android:background="@drawable/border_1dp"
        />
    <ImageView
        android:scaleType="fitEnd"
        android:layout_width="150dp"
        android:layout_height="100dp"
        android:src="@mipmap/store1"
        android:layout_marginLeft="10dp"
        android:layout_marginTop="10dp"
        android:background="@drawable/border_1dp"
        />
    <ImageView
        android:scaleType="center"
        android:layout_width="150dp"
        android:layout_height="100dp"
        android:src="@mipmap/store1"
```

```
            android:layout_marginLeft="10dp"
            android:layout_marginTop="10dp"
            android:background="@drawable/border_1dp"
            />
        <ImageView
            android:scaleType="centerCrop"
            android:layout_width="150dp"
            android:layout_height="100dp"
            android:src="@mipmap/store1"
            android:layout_marginLeft="10dp"
            android:layout_marginTop="10dp"
            android:background="@drawable/border_1dp"
            />
        <ImageView
            android:scaleType="centerInside"
            android:layout_width="150dp"
            android:layout_height="100dp"
            android:src="@mipmap/store1"
            android:layout_marginLeft="10dp"
            android:layout_marginTop="10dp"
            android:background="@drawable/border_1dp"
            />
        <ImageView
            android:scaleType="matrix"
            android:layout_width="150dp"
            android:layout_height="100dp"
            android:src="@mipmap/store1"
            android:layout_marginLeft="10dp"
            android:layout_marginTop="10dp"
            android:background="@drawable/border_1dp"
            />
    </GridLayout>
```

在代码清单 7-5 中，我们使用了一个 <GridView> 标签来承载 <ImageView> 标签，并且把每个 <ImageView> 标签设置成大小一致，就是为了方便对比各个 scaleType 的值在界面上的表现。图 7-3 展示了表 7-3 中的属性（图 7-3 中 scale 属性展示的顺序为自上而下，自左向右）。

在我们平时的开发工作中一般用不到这么多属性，一般采用默认设置或者将 scaleType 设置为 fitCenter，分别对应于图 7-3 中第 1 张图和第 4 张图。另外，图片完全拉伸平铺的情况相对多一些。

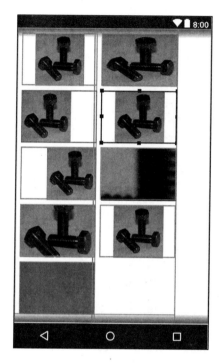

图 7-3 Android 中 scale 属性的对比

7.2.2 加载失败及处理

在前端使用网络图片时，图片本身网络下载是不需要开发者关注的，但是在 Android 中所使用的网络图片需要我们自己发起下载任务。

在 Android 中，我们要把一个图片设置到 <ImageView> 标签中，需要进行 3 部分的工作。

1）从远端下载网络图片。

2）考虑图片下载失败的处理情况。

3）把下载完毕的图片加载到 <ImageView> 标签中。

接下来实现从远端下载网络图片的这部分工作。在 Android 开发中，如果不使用第三方下载框架，开发者通常使用 URLConnection 来下载网络图片：首先创建一个 URLConnection 实例，然后把需要下载的图片地址使用 URL 类实例化，最后把返回的 InputStream 类型数据转换成 <ImageView> 标签可以使用的 Bitmap 数据即可，具体如代码清单 7-6 所示。

代码清单7-6　Android下载网络图片

```
package tools;

import android.graphics.Bitmap;
import android.graphics.BitmapFactory;
import java.io.IOException;
import java.io.InputStream;
import java.net.URL;
import java.net.URLConnection;

public class ImageTool {
    public static Bitmap getData(String path){
        Bitmap bitmap = null;
        try {
            URL url = new URL(path);
            URLConnection conn = url.openConnection();
            conn.connect();
            InputStream is = conn.getInputStream();
            bitmap = BitmapFactory.decodeStream(is);
        } catch (IOException e) {
            // TODO Auto-generated catch block
            e.printStackTrace();
        }
        return bitmap;
    }
}
```

下载图片的工具类完成之后，接下来要做的就是把下载图片设置到对应的 <Image View> 标签中。其实把图片设置到 <ImageView> 标签中并不复杂，只需要通过 <Image View> 标签的 setImageBitmap 函数就可以完成。然而我们需要面对另外一个问题，因为在 Activity 中做的所有操作都是在 App 的主线程中，也就是 UI 线程，所以无法在主线程中进行任何延时操作。因为不可能让用户等着图片下载完再展示 <Image View> 标签中所加载的图片，并且最关键的是图片下载这段时间，用户什么都做不了。

注意　在前端开发过程中，所有的图片均为异步下载，即当前用户的操作界面是不需要等待页面中的媒体资源下载完再展示页面的。在异步下载的过程中，前端工程师不需要关注这些工作，浏览器都帮我们做完了。这一点与 Android

开发的过程是完全不一样的，移动端工程师在开发 Android 或者 iOS 应用时，需要单独处理异步任务以及多线程的问题。

在这里我们要介绍 Java 开发过程中的一个 API 类——Thread 类，它是 Java 的基础类，不属于 Android 特有的 API，即可以在 Android 以外的 Java 应用使用 Thread 类来完成多线程的操作。

我们在使用 Thread 类进行多线程操作的时候，需要另外的类或接口来进行配合：一个是 Runnable 接口，通过实现它的 run 函数来完成对应的延时操作；另外一个是 Handler 类，通过它把异步线程操作的结果带回到主线程（UI 线程），具体如代码清单 7-7 所示。

代码清单7-7　为<ImageView>标签设置网络图片

```
public class ImageViewActivity extends Activity {
    private Bitmap mBitmap;
    private ImageView imageView;
    private String imageUrl = "https://www.google.com/images/branding/googlelogo/
        2x/googlelogo_color_272x92dp.png";
    Handler handler = new Handler(){
        public void handleMessage(Message msg) {
            if(msg.what == 1){
                imageView.setImageBitmap(mBitmap);
            }
        };
    };
    Runnable runnable = new Runnable() {
        @Override
        public void run() {
            // TODO Auto-generated method stub
            Message msg = new Message();
            msg.what = 1;
            mBitmap = getData(imageUrl);
            handler.sendMessage(msg);
        }
    };
    @Override
    protected void onCreate(Bundle savedInstanceState) {
        super.onCreate(savedInstanceState);
        setContentView(R.layout.activity_imageview);
        imageView = findViewById(R.id.netImage);
```

```
        new Thread(runnable).start();

    }
}
```

代码清单 7-7 就是 ImageViewActivity 类的主要代码（代码中 package 引入部分未包含）。我们在 onCreate 函数可以看到多了一行代码：new Thread(runnable).start()，这是创建并启动 Thread 实例的代码。我们所进行的网络图片下载，以及在网络图片下载后把网络图片设置到 <ImageView> 标签中，都是通过这行代码启动的。

这时启动 App 就可以看到加载的网络图片了，我们选择的网络图片是一张 Google 官方的 Logo 图片，如图 7-4 所示。当然大家也可以选择其他的网络图片。

图 7-4　Google 图片地址

至此，离移动端 <ImageView> 标签加载网络图片还差最后一步——网络请求权限的申请。大家还记得我们之前配置新的 Activity 时需要编辑的 AndroidManifest.xml 文件吗？网络请求权限申请的代码也要加入这个文件中，具体网络请求权限申请如代码清单 7-8 所示。

代码清单7-8　Android网络请求权限申请

```
p <!-- 开启网络访问权限 -->
<uses-permission android:name="android.permission.INTERNET">
</uses-permission>
```

```
<!-- 允许访问网络状态的权限 -->
<uses-permission android:name="android.permission.ACCESS_NETWORK_STATE"/>

<!-- 允许访问wifi状态的权限 -->
<uses-permission android:name="android.permission.ACCESS_WIFI_STATE"/>

<!-- 允许修改网络状态的权限 -->
<uses-permission android:name="android.permission.CHANGE_NETWORK_STATE">
</uses-permission>

<!-- 允许修改wifi状态的权限 -->
<uses-permission android:name="android.permission.CHANGE_WIFI_STATE"/>
```

前端获取任何数据是不需要额外申请网络权限的，设备默认赋予了浏览器请求网络数据的权限，所以在浏览器开发手机页面时也是一样的。（但是手机上的浏览器应用也是需要获取代码清单7-7中的这些权限的。）

我们处理好权限问题后，运行App就可以看到如图7-5所示的界面，我们把id为netImage的<ImageView>标签中的图片换成了从Google服务器上下载的Google图片。

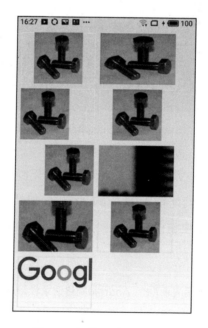

图 7-5 加载远端网络图片

当移动端 <ImageView> 标签加载网络图片失败时，我们有什么方法进行一些补救处理呢？其实比较常见的方法是在网络请求异常的 try/catch 中做一些异常处理，主要是替换默认图片，让 getData 函数返回一个本地的默认图片。具体实现如代码清单 7-9 所示。

代码清单7-9　加载失败的处理

```java
public class ImageTool {
    public static Bitmap getData(String path){
        Bitmap bitmap = null;
        try {
            URL url = new URL(path);
            URLConnection conn = url.openConnection();
            conn.connect();
            InputStream is = conn.getInputStream();
            bitmap = BitmapFactory.decodeStream(is);
        } catch (IOException e) {
            // 在这里处理图片问题，比如图片下载失败可以返回一个默认图片给getData函数
            Bitmap  bitmap = BitmapFactory.decodeResource(this.getContext().getRe-
                sources(), R.drawable.default);
            Return bitmap;
        }
        return bitmap;
    }
}
```

当然我们也可以选择不在 try/catch 中设置默认图片，等待一段时间后重新发起网络图片的请求。具体在图片下载失败的情况下做什么与前端一样，完全由开发者定义。

7.3　小结

我们在第 7 章详细介绍了前端、移动端图片的常规属性，以及前端、移动端如何使用网络图片，那么它们在使用上又有哪些相似以及不同的地方呢？让我们看一下表 7-4。

表 7-4 前端、移动端图片差异对比

功能点	前　端	移动端
本地图片	前端使用本地图片时，是把图片的本地地址（通常为磁盘地址）设置到 \<img\> 标签的 src 属性	移动端本地图片使用其实与前端基本一致，不过还是存在少许差异：前端使用的是本地磁盘地址，即本地磁盘的路径；移动端使用的图片是 Android App 项目中资源的编号，所以经常会看到 src 属性中填写了"@ mipmap/store1"，其实它只是一个资源别名，方便开发者使用
图片属性	其实前端和移动端在图片的长、宽以及位置等属性上并没有什么区别，主要的区别在于图片的留白空间，以及图片大小不能 100% 贴合 \<img\> 标签大小，前端的 \<img\> 标签只给了下面这两个属性： ① Vspace，定义图片的顶部和底部留白空间 ② Hspace，定义图片的左侧和右侧留白空间	移动端的图片属性中宽、高、位置等属性与前端几乎完全一致，只不过属性的命名、度量单位不同（前端通常使用绝对像素，移动端通常使用相对像素）。 在移动端图片的留白和剪裁上我们有更多的选择，参见 7.2.2 节
网络图片使用	前端网络图片的加载其实非常简单，直接设置 \<img\> 标签的 src 属性即可，图片的下载、缓存均由浏览器帮助实现	移动端的网络图片加载比前端多出一步：开发者需要把图片下载下来。具体的方法是，开启一个异步线程，在异步线程中处理整个下载流程，下载后把信息回传到 UI 主线程，然后在主线程中去更新 \<ImageView\> 标签的 src 属性

第 8 章 *Chapter 8*

前端事件与移动端事件

事件是强交互场景下永远绕不过去的关键能力，本章将详细介绍前端、移动端里最常用的事件，并总结前端、移动端事件的相同之处和不同之处。

8.1 前端事件

前端事件有很多种，涉及各种用户会触发的页面场景：有绑定在浏览器上的事件，也有绑定在具体 dom 上的事件，还有系统默认的事件等，下面是两类最常用的事件。

❑ 鼠标事件，比如点击、移入判断、移出判断、滚动条滑动等。

❑ 页面事件，比如页面的前进、后退等。

当然本节不会介绍全部事件，我们仅拿出其中比较常用，或者具备很强代表性的事件作为示例给大家讲解。

8.1.1 常规事件

前端当中最常见、使用频次最高的是鼠标事件，鼠标事件的触发条件与移动端类似，如点击、双击事件的触发条件基本一致。移动端不存在鼠标移入或移出事件，但是其轨迹事件与前端鼠标移动事件相似。前端常用的鼠标事件如表 8-1 所示。

表 8-1　前端常用鼠标事件

事　件	事件描述
onClick	鼠标点击事件，多用于某个页面元素范围内的鼠标点击，基本上是最常用的事件了
onDblClick	鼠标双击事件，在左键快速点击两次之后触发的事件
onMouseDown	鼠标上的按钮被按下且无须抬起就会触发，是使用鼠标拖拽时比较常用的事件
onMouseUp	鼠标按下并松开时触发的事件，是使用鼠标拖拽时比较常用的事件
onMouseOver	当鼠标移动到某页面元素范围的上方时触发的事件，通常在鼠标移动到某个 dom 元素上，dom 元素发生改变时使用（CSS 伪类支持之后，该事件的使用场景有所减少）
onMouseMove	鼠标移动时触发的事件，此事件主要在鼠标跟随时使用，比如用鼠标进行绘画操作时
onMouseOut	当鼠标离开某页面元素范围时触发的事件，与 onMouseOver 相对应，使用场景也类似，常常与 onMouseOver 成对出现、使用

除了表 8-1 中的鼠标事件之外，前端中还有一些页面级别的事件，比如进入了某个页面或页面窗口状态发生改变时触发的事件。这些事件在平时开发过程中也比较常用，而且大部分也可以和移动端的事件进行一一对应。下面看一下表 8-2 都有哪些具体的事件。

表 8-2　前端页面事件

事　件	事件描述
onbeforeunload	当用户刷新页面或者离开当前页面时会触发的事件，大部分使用场景为当用户离开这个页面时弹出一个提示：询问用户是否离开此页面，或者用户在填写某个表单时刷新了页面，用以提示用户是否要丢弃当前表单里的内容
onError	当前页面因为某种原因而出现的错误会触发 onError 事件，主要是脚本错误，即 JavaScript 产生的错误，外部引入的第三方 JavaScript 错误也会触发该事件
onLoad	最常用于 HTML 元素中，在网页或某个元素完全加载内容（比如媒体文件、CSS 文件等）后执行的脚本
onMove	浏览器的窗口被移动时触发的事件
onResize	当浏览器的窗口大小被改变时触发的事件，通常在制作自适应布局时，必须要用 JavaScript 来控制 dom 节点才会使用这个事件进行处理
onScroll	浏览器的滚动条位置发生变化时触发的事件，可以配合 document.documentElement.scrollTop（滚动高度）使用

接下来我们基于 4.1 节开发的商品列表页面，在其中加入 3 个事件。

第一个事件是点击（onClick）商品，通常点击商品图片（不包含按钮）之后，前端界面会跳转到商品详情页。

第二个事件是加入购物车事件（ADD TO CART），当用户触发点击事件之后就把商品加入到购物车里。

第三个事件是浏览器滑动事件（onScroll），是用户滑动商品列表时会触发的事件。

第一个和第二个事件的事件响应区域如图 8-1 所示。第一个商品图片中，上边的标识区域为跳转商品详情的事件响应区域，下边的标识区域为添加购物车的事件响应区域。我们将在 8.1.2 节中介绍如何绑定这 3 个事件。

图 8-1　事件响应区域

8.1.2　事件绑定形式

在前端开发中通常会使用 addEventListener 来绑定事件，当然有时还需要用 attach-Event，便于兼容。我们给商品图片添加点击事件，需要先找到这个按钮，然后调用这个按钮对应的addEventListener函数，传入事件的名称、事件触发时要执行的函数、事件执行的状态（冒泡执行还是捕获执行，这是一个可选值），具体实现如代码清单8-1所示。

代码清单8-1　绑定点击事件，触发跳转到商品详情页操作

```
var screw1 = document.getElementById("screw1");
if (screw1.addEventListener) {      // 适用于所有主流浏览器（IE 8及更早版本除外）
    screw1.addEventListener("click", myFunction);
} else if (screw1.attachEvent) {    // 适用于IE 8及更早版本
    screw1.attachEvent("onclick", myFunction);
}

function myFunction(){
        window.location = "shop-details.html?p=screw1";
}
```

> 💡 **提示** 其实为页面dom元素绑定事件不仅仅有addEventListener函数，还有attachEvent函数，只不过addEventListener是现在大多数标准浏览器（Chrome、IE 9.0、FireFox、Safari、Oprea等）所支持的。但IE 9.0以下的IE浏览器要使用attachEvent进行绑定。此外，addEventListener在绑定事件名称时不需要在对应的事件之前加上on，但是attachEvent是需要的。比如点击事件，在addEventListener中第一个参数要传入click，而在attachEvent中则需要传入onclick。

因为移动端工程师可能无法理解，所以代码清单8-1尽量不使用简写方式。其实我们可以使用前端的"匿名函数"进行简写。

> 📞 **注意** 代码清单8-1中的myFunction调用可以使用下面的匿名调用方式。通常情况下，匿名函数只会在这一个函数调用点使用，不会在其他模块被调用，所以函数的声明或者引用就不太重要。
>
> ```
> var screw1 = document.getElementById("screw1");
> screw1.addEventListener("click", function(){
>     window.location = /shop-details.html?p=screw1;
> });
> ```

商品列表 dom 更改如代码清单 8-2 所示。代码中加粗部分为需要关注的地方，这也是和之前的代码实例对比有改动的地方。代码清单 8-1 添加了 id 为 screw1 的 dom 元素查找，所以这里要把 id 属性加上，否则点击事件将无法找到需要响应的页面元素。此外，为了方便统一绑定点击事件，可以把 class 属性也加上。如果是列表形式的 dom，浏览器已利用 class 属性处理了批量绑定事件。

代码清单8-2　商品列表dom更改

```
<div class="entry" name="screw1">
    <img id="screw1" class=screw-img" src="img/store4.jpeg" alt="">
    <h6><a href="">screw1</a></h6>
    <div class="rating">
        <span class="active"><i class="fa fa-star"></i></span>
        <span class="active"><i class="fa fa-star"></i></span>
        <span class="active"><i class="fa fa-star"></i></span>
        <span class="active"><i class="fa fa-star"></i></span>
        <span class=""><i class="fa fa-star"></i></span>
    </div>
    <div class="price">
        <h5>$18</h5>
    </div>
    <button class="button">ADD TO CART</button>
</div>
<div class="entry" name="screw2">
    <img id="screw2" class=screw-img" src="img/store4.jpeg" alt="">
    <h6><a href="">screw1</a></h6>
    <div class="rating">
        <span class="active"><i class="fa fa-star"></i></span>
        <span class="active"><i class="fa fa-star"></i></span>
        <span class="active"><i class="fa fa-star"></i></span>
        <span class="active"><i class="fa fa-star"></i></span>
        <span class=""><i class="fa fa-star"></i></span>
    </div>
    <div class="price">
        <h5>$18</h5>
    </div>
    <button class="button">ADD TO CART</button>
</div>
......
```

在代码清单 8-1 中有一行代码是 window.location="shop-details.html?p=screw1"，

意为离开当前页面跳转到同路径下的 details.html 页面，"？"后面的 p=screw1 是前端页面跳转传值的一种方式，也叫 URL 传值。我们需要把这个值（p=screw1）传递到商品详情页，然后在商品详情页获取到 URL 中的 p=screw1，通过网络数据请求的方式获取 screw1 商品的详情。

在这里，前端的 window.location 跳转非常类似于 Android 的 Activity 的 startActivity 函数，前端"？"的值传递可以类比成移动端 Activity 中的 Intent 值传递。这时我们点击第一个商品的商品图片（见图 8-2），看到界面从商品列表页跳转到了商品详情页，如图 8-3 所示。

图 8-2　点击第一个商品的图片区域

在图 8-3 中可以观察到，我们是通过 URL 传递的值 p=screw1，后续会将其作为参数来进行数据请求（见 9.1.3 节）。

单一商品的点击事件绑定完成了，那么如何使所有的商品都能绑定上这个点击事件呢？我们可以通过 class 属性获取所有 class 为 screw-img 的元素列表，然后以循环的方式给列表中的元素添加点击事件。这次我们换一种方式绑定，通过 dom 元素的 onclick 属性赋值，具体如代码清单 8-3 所示。其实这里稍微使用了一个取巧的方法，我们把跳转依赖的参数作为点击图片的 id 赋值给了页面 dom。这样当我们获取到 class 为 screw-img 的每一个元素后再进行跳转，就能实现点击每个商品都可以跳转到该商品的详情页。

代码清单8-3　通过class来绑定事件

```
var btn=document.querySelectorAll(".screw-img");
for (var i = 0; i < btn.length; i++) {
    btn[i].onclick=function(){
        window.location = "shop-details.html?p="+this.id;
    }
}
```

图 8-3　跳转到商品详情页

思考另一个问题，如果 dom 中没有 id 这个属性，我们能否实现通过点击事件跳转到该商品对应的商品详情页呢？其实可以使用以循环参数 i 作为拼接参数的方式来实现，具体如代码清单 8-4 所示。

代码清单8-4　通过循环参数拼接地址（1）

```
var btn=document.querySelectorAll(".screw-img");
for (var i = 0; i < btn.length; i++) {
    btn[i].onclick=function(){
```

```
            window.location = "shop-details.html?p=screw"+(i+1);
        }
    }
```

因为要跳转的链接地址都是 screw 加上数字的形式，所以我们只需要把每次要跳转的地址进行拼接即可，但是当我们执行代码清单 8-4 时会发现一个问题——无论我们点击哪个商品都会跳转到一个未知的商品页面。这个问题的根本原因在于：我们在绑定事件时，i 的值并没有保存下来，每次 i 的值都会循环到商品列表总长度 +1 的地址停下（因为满足 i<btn.length 的条件），所以每个商品所绑定的 screw+(i+1) 实际上都是最大长度 +1，如果我们的商品列表有 6 个商品，那么实际上我们要传递的商品参数永远都是 p=screw7。我们把 window.location = "shop-details.html?p=screw"+(i+1);替换成 alert("shop-details.html?p=screw"+(i+1));，这时运行代码，然后点击第一个商品，就会看如图 8-4 所示界面。

图 8-4 i 一直为最后一个值

所以我们需要一个把内外 i 的值隔离开来的函数，用以保存每个事件绑定时 i 的状态，因为函数起的作用也仅仅是隔离变量 i，所以使用匿名函数的方法，如代码清单 8-5 所示。

代码清单8-5　通过循环参数拼接地址（2）

```
var btn=document.querySelectorAll(".screw-img");
for (var i = 0; i < btn.length; i++) {
    (function(i){
        btn[i].onclick=function(){
            window.location = "shop-details.html?p=screw"+(i+1);
        }
    })(i)
}
```

　　这时当我们点击其中一个商品时，就可以跳转到对应商品页面，并且把商品的参数通过 URL 值传递的方式传到商品详情页，如图 8-5 所示。我们点击了列表中第 3 个商品，在图 8-5 中可以观察到页面的 URL 中的 p = screw3。

图 8-5　点击列表第 3 个商品跳转

　　至于购物车点击事件的绑定其实和商品详情一样，不再单独介绍了。接下来介绍用户滑动商品列表页时的事件绑定。这里要实现的主要功能是当用户把鼠标滑动到商品列表最下方时，页面弹出提示"下面没有更多商品了"。

　　实现这个功能需要使用的是浏览器的 onScroll 事件，把滚动条滑动的高度以及窗口高度加在一起，最终和整个页面的高度做对比，如果相等，那么证明这个滚动条已经滑到了商品列表的最底部。所以接下来需要 3 个函数，分别是获取滚动条已滑动的高度、文档的总高度（HTML 高度）、浏览器可见窗口的高度。

　　获取滚动条已滑动高度的代码如代码清单 8-6 所示。因为新旧浏览器兼容的问题，我们需要从多个浏览器 API 中获取内容，所以需要通过对浏览器中 compatMode 属性的判断来确定浏览器是支持 document.documentElement 还是 document.body。当 document.compatMode 为 CSS1Compat 时，代表浏览器的标准兼容模式开启，我们就要使用 document.documentElement.clientHeight 来获取滚动条已滑动的高度；当 document.compatMode 为 BackCompat，代表浏览器的标准兼容模式关闭，要使用 document.body.clientHeight 来获取滚条已滑动高度。

代码清单8-6　获取滚动条已滑动高度

```
function getWindowHeight(){
    var windowHeight = 0;
    if(document.compatMode == "CSS1Compat"){
        windowHeight = document.documentElement.clientHeight;
    }else{
        windowHeight = document.body.clientHeight;
    }
    return windowHeight;
}
```

　　获取浏览器可见窗口高度的原理与获取滚动条已滑动高度方法类似，只不过调用的浏览器 API 稍微有些改动，具体如代码清单 8-7 所示。

代码清单8-7　获取浏览器可见窗口高度

```
function getWindowHeight(){
    var windowHeight = 0;
    if(document.compatMode == "CSS1Compat"){
        windowHeight = document.documentElement.clientHeight;
    }else{
        windowHeight = document.body.clientHeight;
    }
    return windowHeight;
}
```

我们也可以通过值对比方式来获取这个参数，具体如代码清单 8-8 所示。

代码清单8-8　获取HTML文档高度

```
function getDocumentHeight(){
    var scrollHeight = 0, bodyScrollHeight = 0, documentScrollHeight = 0;
    if(document.body){
        bodyScrollHeight = document.body.scrollHeight;
    }
    if(document.documentElement){
        documentScrollHeight = document.documentElement.scrollHeight;
    }
    scrollHeight = (bodyScrollHeight - documentScrollHeight > 0) ? bodyScroll-
        Height : documentScrollHeight;
    return scrollHeight;
}
```

代码清单 8-8 的两种模式下的哪个值更大，我们就使用哪个值作为浏览器 HTML 文档高度，这里面有一个潜在的逻辑：当浏览器一个模式（如标准兼容模式处于开启状态）下的 HTML 文档值大于 0，那么另一个模式（标准模式处于关闭状态）的 HTML 文档值一定是 0。因为在代码清单 8-8 第 2 行代码中已经预设了初始化的 0 值，所以当模式条件不满足时，bodyScrollHeight 和 documentScrollHeight 的值有一个必定为 0。

剩下的就比较简单了，我们只需要为页面绑定滚动条的监听事件就可以了。这次换一个方式绑定事件，直接在 dom 节点上来绑定滚动事件（两种绑定事件的方式从最终效果上来说是完全相同的），具体实现如代码清单 8-9 所示。

代码清单8-9　在dom节点上绑定滚动事件

```
<body onscroll="bodyOnscroll()">
……
……
<script>
var bodyOnscroll = function(){
    if(getScrollTop() + getWindowHeight() == getDocumentHeight()){
        alert("已经到最底部了！!");
    }
};
</script>
```

这种事件绑定方式有一个缺点：要在所有需要绑定事件的 dom 上添加对应事件

执行的函数。通常使用这种绑定事件：要么绑定的是目标元素的父级元素，通过该元素的 children 属性查找子元素来指定不同的函数行为；要么通过循环的方式动态更改 innterHTML 或者 outerHTML，循环绘制 HTML 文档，然后把事件绑定直接添加到 HTML 文档中。

运行后把商品列表页滚动到最下方，就能够触发绑定好的滚动事件了，具体效果如图 8-6 所示。

图 8-6　滚动事件触发效果

图 8-6 事件触发使用的是系统弹窗，我们也可以使用自定义弹窗。前端的 alert 弹窗约等于 Android 的 Toast 弹层，二者均由系统层面提供。

在 Android 设备的弹层上，大部分机型都能保持 Toast 弹层的界面一致，不同 Android 系统版本可能会有所差异，此外国内不同厂商对 Android 原生系统 UI 的二次开发也会导致不同厂商手机 Toast 弹层默认效果不一致。

前端的事件绑定形式各有优劣，我们可以选择自己喜欢的方式进行开发。

8.2　移动端事件

移动端的事件与前端的事件基本都可以一一对应，需要注意的是，移动端是没有鼠标概念的，但是移动端常用的事件多了一些长按、拖拽操作等（前端这类事件应用较少）。下面就来了解一下移动端常规事件与绑定形式。

8.2.1　常规事件

与前端的页面事件（比如页面跳转、错误的捕获、屏幕窗口大小的变化等）对应的 Android 场景的监控方法比较特殊。举两个例子。

第一个例子是前端页面跳转时触发的 onbeforeunload 事件，这个事件在 Android 中既可以通过 Intent 跳转时来处理，也可以通过 Activity 生命周期中的 onCreate 事件处理，甚至还有更为复杂的方法，所以不是很容易能对应上。

另外一个例子是屏幕大小变化，因为前端代码是运行在浏览器中的，前端页面内容显示区域是可以随意改变的，但是显示在 App 中会充满整个手机，所以没有所谓窗口变化的概念。移动端会有 View 大小的改变，而且可以监测到最外层的 <LinearLayout> 标签大小的变化，实际上它与前端的 onResize 事件有些类似。

下面将着重介绍移动端常规事件：OnclickListener、OnLongClickListener、OnScroll-Listener，具体事件功能如表 8-3 所示。

表 8-3　Android 常规事件

事　　件	事件描述
OnClickListener	点击事件，常通过 setOnClickListener 函数进行设置，参数为 View.OnClickListener 类，需要自己实现 View.OnClickListener 接口中的 onClick 函数，以设置点击后触发的动作
OnScrollListener	滑动事件，在 <ScrollView> 标签上滑动列表过程中使用，通过 setOnScrollListener 函数进行设置，参数通常为 View.OnScrollChangeListener 类，需要自己实现 View.OnScrollChangeListener 接口中的 onScrollChange 函数，以获取滑动高度、宽度等信息
OnLongClickListener	长按点击事件，通过 setOnLongClickListener 函数进行设置，参数通常为 View.OnLongClickListener 类，需要自己实现 View.OnLongClickListener 接口中的 onLong-Click 函数，以设置点击后触发的动作。OnLongClickListener 的使用与 OnClickListener 非常类似——长按大概 500ms。当然我们也可以通过拦截 OnClickListener 接口的返回值，然后自己设置长按操作的触发时间

8.2.2　事件绑定形式

两种前端事件绑定方式在 Android 中也都是存在的。第一种，Android 在 xml 文件中通过对应事件属性的赋值进行绑定（基本与前端一致）。第二种，Android 中没有那么多选择器，大部分通过 findById 函数查找页面元素，或者通过对某个页面元素子元素的遍历进行事件绑定。

因为在第 2 章中使用过 findById 函数绑定 OnClickListener 事件，所以我们就换一种方式：在 xml 文件中进行事件绑定。

在商品详情的通用头部 nav 部分添加点击事件，具体 xml 文件如代码清单 8-10 所示。

代码清单8-10　添加点击事件

```xml
<!-- 通用头部nav展示区 -->
<LinearLayout
    android:id="@+id/linearLayout_main"
    android:orientation="vertical"
    android:layout_width="match_parent"
    android:onClick="buttonClick"
    android:layout_height="50dp">
</LinearLayout>
```

我们看到，代码清单 8-10 中代码加粗部分的内容之前是没有的，这部分是给这个 <View> 设置一个点击事件，并且这个点击事件触发的是 buttonClick 函数，那么这个 buttonClick 函数在哪里实现呢，当然是在调用这个布局 xml 的 Activity 中，即 ShopDetailActivity 中，具体如代码清单 8-11 所示。

代码清单8-11　shopDetailActivity代码

```java
public class ShopDetailActivity extends Activity {

    //省略之前的代码

    public void buttonClick(View view) {
        Toast.makeText(this, "点击了头部Nav", Toast.LENGTH_SHORT).show();
    }

}
```

注意，所有通过 xml 方式绑定的事件函数，必须定义为 ShopDetailActivity 的 public 函数，否则在 xml 文件中触发点击事件时，Android 的事件驱动器将无法找到对应的触发函数，这里我们把 App 的入口更改为商品详情页，然后点击商品详情页的通用头部 nav，就会看到如图 8-7 所示界面。这种事件绑定方式整体上与前端在 dom 节点上的绑定事件方式基本一致，也比较容易理解，但是在循环绑定事件，或者需要获取事件中的一些参数进行二次操作的时候，就不是特别方便了。

图 8-7　点击商品详情页头部 nav

所以接下来我们介绍如何使用 findViewById 和 ViewHolder 来绑定 OnScrollListener 和 OnLongClickListener 事件。

添加 OnScrollListener 事件的场景也相对简单，就是当购物车中有了过多的产品时，我们想把购物车下滑到底部，并且在底部给出一个提示"商品列表已经滑动到底部了"，我们需要在购物车的 ShopCarActivity.java 文件中添加弹层操作。

首先，我们在购物车中找到需要滑动的 <ScrollView> 标签，并且给 <ScrollView> 标签加上对应的 id，方便我们在绑定事件时查找 <ScrollView> 标签，通常情况下 <ScrollView> 标签内部只能包裹一个 <View> 标签，具体如代码清单 8-12 所示。

代码清单8-12　为<ScrollView>标签添加id

```
<ScrollView
    android:layout_width="match_parent"
    android:layout_height="match_parent"
    android:background="#ffffff"
```

```
android:id="@+id/shop_list_scrollview"
xmlns:android="http://schemas.android.com/apk/res/android">

    //代码省略

</ScrollView>
```

<ScrollView> 标签的 id 添加完了，我们可以在上面绑定滚动事件了，<ScrollView> 标签绑定滚动事件 <ScrollView> 的方式和我们介绍的绑定 Onclick 事件非常类似，也是先找到对应的 <ScrollView> 标签，然后通过调用 setOnScrollListener 函数设置标签的滑动事件，并传入到 View.OnScrollChangeListener 接口，并且实现 onScrollChange 函数才能完成整个事件绑定流程，具体如代码清单 8-13 所示。

代码清单8-13　为<ScrollView>标签设置滑动到底部判断

```
ScrollView mScrollview;
//滑动的<ScrollView>
LinearLayout mLinearLaytout;
//<ScrollView>内部的<LinearLayout>，包括所有<View>的容器

mScrollview = findViewById(R.id.shop_list_scrollview);
mLinearLaytout = findViewById(R.id.shop_car_linerlayout);

/*
省略代码
*/

mScrollview.setOnScrollChangeListener(new View.OnScrollChangeListener() {
    @Override
    public void onScrollChange(View v, int scrollX, int scrollY, int oldScrollX,
        int oldScrollY) {

        if(scrollY+mScrollview.getHeight() >= mLinearLaytout.getHeight()){
            Toast.makeText(mContext, "商品列表已经滑动到底部了", Toast.LENGTH_
                LONG).show();
        }

    }
});
```

代码清单 8-13 中判断滚动条是否滑动到底部的逻辑与前端的实现逻辑很类似，就是判断"滑动距离"+"屏幕高度"是否等于"容器整体高度"，如果这个等式成立，那么就可以认为已滑动到底部了。接下来要解释一下这 3 个指标分别对应到哪些移动端的 API。

1）**滑动距离**：在我们实现的 View.OnScrollChangeListener 接口的 onScrollChange 函数里已经有参数表示这个值，我们选取的值是 scrollY。

2）**屏幕高度**：该值是通过 <ScrollView> 标签的 getHeight() 函数获取，其实该函数是获取组件高度的。在普通布局中，如果组件本身没有超过手机屏幕，那么 getHeight() 获取的是组件高度；但是在这种滑动布局中，<ScrollView> 标签滑动的组件往往会超出屏幕，那么 getHeight() 获取的高度就是屏幕显示的高度。

3）**容器整体高度**：获取的值相对容易，就是最外层 <LinearLayout> 标签的高度，即 mLinearLayout.getHeight()。

最后，我们在滚动条滑动到底部的时候，加上一个弹层，让其弹出"商品列表已经滑动到底部了"即可。当然我们也可以在这里做一些额外的处理，比如刷新以获取新数据等。接下来把入口文件更改为购物车的 ShopCarActivity，然后把 <ScrollView> 标签滑动底部就可以看到效果了，如图 8-8 所示。

图 8-8　购物车滑动到底效果

接下来介绍长按事件的绑定，我们把这个绑定事件的场景限定在长按产品列表中，即了解 ViewHolder 中如何添加长按事件。

长按事件与点击事件非常类似，也是先找到添加事件的 ViewHolder，然后通过

setOnLongClickListener 进行设置，如代码清单 8-14 所示。

代码清单8-14　添加长按事件

```
mAdapter = new ProductAdapter(mData, R.layout.shop_list_grid_item) {
    @Override
    public void bindView(final ViewHolder holder, final Object obj) {

        /*

        代码省略

        */

        holder.getItemView().setOnLongClickListener(new View.OnLongClickListener() {
            @Override
            public boolean onLongClick(View v) {
                Toast.makeText(mContext, "我们长按了"+((ProductBean)obj).getName(),
                    Toast.LENGTH_LONG).show();
                return true;
            }
        });
    }
};
```

其实在列表中，所有的事件绑定都可以在 ViewHolder 中进行，当我们长按某个商品 500ms 以上时，就会看到"我们长按了 XXX"字样，具体效果如图 8-9 所示。除了展示商品名称之外，还可以在 ViewHolder 中加入更多的属性来拓展操作可行性。我们发现，任何一个 <View> 标签都可以通过 setXXXListener 函数来绑定对应的事件，这也是移动端常用的绑定事件模式。

图 8-9　长按列表中的某个商品

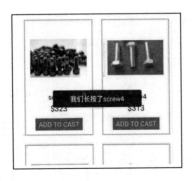

图 8-9　（续）

8.3　小结

本节将对前端和移动端事件处理的相似之处进行对比，如表 8-4 所示。

表 8-4　前端、移动端绑定事件方式对比

绑定方式	前　端	移动端
在元素上绑定事件	前端可以在 dom 元素上通过属性设置的方式来绑定事件。比如要绑定 click 事件，可以在 HTML 文档的 dom 元素中设置一个 onclick 属性，以属性赋值的方式把一个函数赋值给 onclick 属性，然后在对应的函数中完成事件要操作的逻辑即可。 相同点：前端、移动端都支持这种形式，绑定事件的函数必须在 window 的命名空间下，即在 JavaScript 最外层才能被 dom 元素查找到。 不同点：前端 onclick、onchange、onfocus、oninput、onmouseover 等大部分事件都可以通过这种方式绑定	移动端上的元素绑定事件可以在 xml 文件中设置对应的 <View> 标签，以添加属性的方式绑定事件。例如，我们要在 <View> 标签上绑定点击事件 click，即给 onclick 属性赋值，这一点与前端非常类似。 相同点：前端和移动端都支持这种形式，前端绑定事件必须为 JavaScript 最外层或者 window 作用域上的函数，移动端绑定事件的函数必须为 Activity 最外层的函数才能被 <View> 标签上的 onclick 属性找到。 不同点：在移动端中只有 click 事件可以通过这种方式绑定，但是前端可以通过这种方式绑定更多事件
通过选择器查找绑定事件	前端开发使用选择器来进行事件绑定的情况很常见。虽然说与移动端理解或者使用上类似，但是在底层原理和一些细节上还是有差异的。 不同点：前端中的选择器较多，可以通过 dom 的 id、class、标签属性等多个选择器来获取需要绑定数据的元素。我们可以通过某个选择器内的元素集合为相同的事件提供函数实现。 常用的选择器有 document.getElement-ById、document.querySelector、document.querySelectorAll()、document.getElements-ByName()、doumment.getElementsBy-TagName() 等。前端支持通过多重选择器来进行元素查找	移动端中，只能通过 id 选择器查找 <View> 标签，查找函数为 findViewById，选择器较为单一，但是在查找到某一个 <View> 标签之后，继续使用 findViewById 查找其 <View> 标签内的子元素，较为方便。 不同点：与前端的 document.getElement-ById 不同，findViewById 实际查找的是 R 文件中的一个映射资源的 id，比如在给滚动条绑定事件时所使用的 R.id.shop_list_scrollview，其实为一个资源 id 的别名。这个别名对应的资源 id 是可以通过 build 文件夹下的 R 文件查找到的，如图 8-10 所示

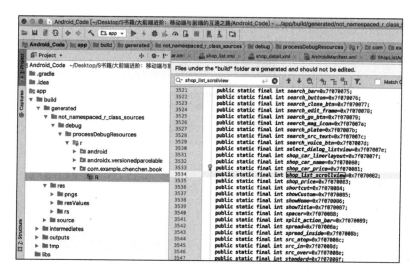

图 8-10   R 文件中的资源列表

元素上绑定事件易于初学者理解。虽然在 dom 上绑定的事件可以一眼看出每个 dom 绑定了什么事件，但是其缺点也显而易见：如果绑定事件较多，代码会比较冗余，而且对 dom 进行更改时非常麻烦，成本会更高一些。

通过选择器查找并绑定事件，优点是很多类似的 dom 可以同时绑定相同的事件，可以在事件中绑定统一编写事件逻辑。缺点是如果选择器较多，想要快速定位到对应的 dom 稍微需要点成本。不过现在大部分工程师[⊖]都是通过选择器的方式绑定事件。

下面一起看看前端和移动端都有哪些事件可以对应上，具体事件的对比如表 8-5 所示。

表 8-5   前端、移动端常用事件对应关系

事　件	前　端	移动端
点击事件	通常由鼠标触发，支持选择器和 dom 绑定	通常由手指点击触发，支持选择器和 \<View\> 绑定
双击事件	通常由鼠标触发，支持选择器和 dom 绑定	无对应 API，需要工程师自己实现
长按事件	无对应 API，需要工程师自己实现	通常由手指点击触发通常响应时间为 500ms，支持选择器绑定，不支持 \<View\> 绑定

⊖   这里的大部分工程师包含前端工程和移动端工程师。

（续）

事　件	前　端	移动端
滚动事件	通常由鼠标滚轮或者拖拽浏览器滚动条触发，支持选择器和 dom 绑定	通常由手指滑动触发，支持选择器绑定，但不支持 <View> 绑定
页面跳转事件	通过监听 window.load 方式的变化监控页面跳转，并基于 URL 进行参数传递，也可以通过本地缓存（如 LocalStorage）传递值	通过 Intent 类进行跳转，并设置 Extra 进行参数传递，也可以通过本地缓存传递参数，比如 SQLLite
窗口尺寸更改	当浏览器的窗口大小改变时触发的事件（onResize），通常在设置自适应布局时会用到这个事件	无对应 API，大部分应用场景是监控 <View> 大小的改变，可通过 ViewTreeObserver 进行监控

　　常用的移动端和前端事件大部分都可以找到对应关系，少部分不能对应的事件也可以通过模拟的方式实现，极少部分无法实现的事件仅限于特定场景下。不过通过事件对比的方式去理解另一端的事件还是比较容易的。

　　第 9 章会介绍获取网络数据的方法，以及如何把对应的数据更新到界面上。

数据更新

无论前端还是移动端，请求网络数据基本上是任何网站或者 App 的必备能力，本章将详细介绍前端、移动端的网络数据请求方式，以及两者的相同点和差异点。

9.1 前端数据更新

目前前端数据请求最常用的方式是通过浏览器的 XMLHttpRequest 对象来获取数据，我们将会在本节详细介绍。

9.1.1 数据获取原理

在实现 XMLHttpRequest 的网络数据获取之前，我们需要先介绍一下 XMLHttp-Request 获取网络数据时常用到的几个函数，如表 9-1 所示。

表 9-1　前端 XMLHttpRequest 常用函数

函数名	描　述
abort()	立刻终止当前请求，abort 函数不是很常用，但是一旦由于某种网络延迟或者用户重复操作，我们又没有做防暴击处理（如用户由于某种操作没有得到自己想要的界面反馈而重复操作，进而发送多次请求）的情况下，abort 函数就可以派上用场，它可以拦截用户重复发送的请求

（续）

函数名	描　述
open("method", "URL", [asyncFlag], ["userName"], ["password"])	open 函数主要用来建立对服务器的调用通道。method 参数可以是 GET、POST 等其他的方法。URL 参数可以是相对 URL 地址或绝对 URL 地址。这个函数还包括 3 个可选的参数：是否异步，需要传递给服务器端的用户名以及密码。但是用户名、密码的传递都不常用
send(content)	send 函数是用来向服务器发送数据请求，content 可以是 josn 结构的数据、数组，甚至 blob 类型的数据

除了上述的这些函数外，XMLHttpRequest 还有一些不太常用的函数。比如：getResponseHeader 函数可以获取数据返回的头部信息，以帮助我们在不分析请求网络数据的情况下，甄别数据是否符合头部规范；setRequestHeader 函数可以帮助我们设置符合服务器端工程师要求的头部信息，该函数在处理服务器统一网关服务时非常常用。

如果我们需要发起一个网络数据获取的请求，常规情况下需要分 4 步。

第 1 步，先创建一个 XMLHttpRequest 类的实例。

第 2 步，设置请求数据的 URL 和 method 参数（GET/POST 请求数据的方式）。如果用 GET 方式请求网络数据可以通过 URL 拼接参数，来给服务器端传递参数。如果要通过 POST 方式请求网络数据，则传递参数时要把参数传入 send 函数。

第 3 步，通过 XMLHttpRequest.send() 发送请求，我们也可以在 send 函数中加入需要传递的参数（POST 数据请求方式）。

第 4 步，通过 XMLHttpRequest.onreadystatechange() 函数来监听数据请求状态的变化，并且最终在 XMLHttpRequest.readyState 值为 4、XMLHttpRequest.status 为 200 时，去获取 XMLHttpRequest.responseText 中的字符串，XMLHttpRequest.responseText 的值就是我们请求得来的数据。接下来我们将以获取商品列表为例请求一次数据。我们需要先开发一个服务器接口，这个接口可以使用任何语言或服务器开发，我个人选择的是 Go 语言开发这个商品列表的 list 接口，具体如代码清单 9-1 所示。

代码清单9-1　商品列表的服务器端实现

```
package main

import (
        "net/http"
        "github.com/gin-gonic/gin"
```

```
)

func main() {
        r := gin.Default()
    r.POST("/list", func(c *gin.Context) {
            c.String(http.StatusOK, "["+
            "{id:'screw1',name:'screw1',price:'$18',img:'img/store1.jpeg'},"+
            "{id:'screw2',name:'screw2',price:'$24',img:'img/store2.jpeg'},"+
            "{id:'screw3',name:'screw3',price:'$19',img:'img/store1.jpeg'},"+
            "{id:'screw4',name:'screw4',price:'$22',img:'img/store1.jpeg'}"+
            "]")
    })
        r.Run(":9999") // listen and serve on 0.0.0.0:9999
};
```

代码清单 9-1 仅供参考，大家可以使用自己擅长的语言或者工具编写一个商品列表 list 接口。在代码清单 9-1 中，最关键的就是商品列表的数据结构，每个商品都有一个 id、名称、价格以及商品图片的地址。这些都是前端请求数据时需要返回的，即前端在展示商品列表时要用到的。

再看一下前端获取数据时是如何利用 XMLHttpRequest 对象的，按照前端请求数据的 4 个流程来写出请求商品列表的代码，具体实现如代码清单 9-2 所示。

代码清单9-2　前端请求商品列表

```
var xhr = new XMLHttpRequest();
xhr.open('post', '/list' );
xhr.send();
xhr.onreadystatechange = function () {
    if (xhr.readyState == 4 && xhr.status == 200) {
        console.log(xhr.responseText);
    }
};
```

在代码清单 9-2 中，每一行代码代表一个步骤，其中 xhr.readyState 判断的就是网络数据请求整体生命周期的值，下面是 xhr.readyState 从 0~4 这 5 个状态码分别代表的含义。

❑ 0（未初始化）：此时还没有调用 send 方法。

❑ 1（载入）：已调用 send 方法，正在发送请求，但是还没有收到接口返回内容。

❑ 2（载入完成）：send 方法执行完成，已接收到全部接口返回内容。

❑ 3（交互）：正在解析接口返回内容。

❑ 4（完成）：接口返回内容解析完成，可以分析接口返回内容。

而 xhr.status 则是服务请求时返回的状态码，200 代表本次接口请求响应成功。我们还在数据请求成功后通过 console.log 函数把获取到的数据打印出来。接下来运行代码清单 9-2 的代码，观察一下数据请求成功是什么样的，如图 9-1 所示。

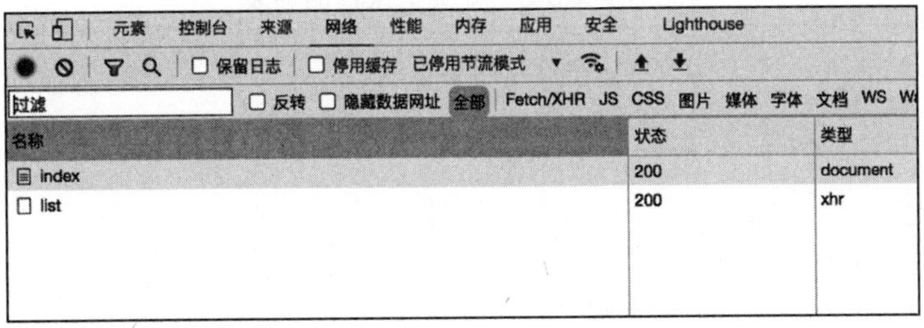

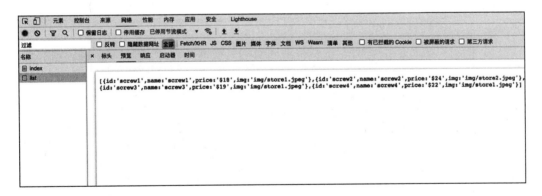

图 9-1　数据请求成功

在浏览器的"网络"选项卡下，我们观察到浏览器请求了一个 index 的 document 类型文档，然后发起了一个 xhr 类型的请求。xhr 类型的请求就是我们获取数据的接口，接下来点击浏览器的 list 看一下，如图 9-2 所示。

图 9-2　List 接口的数据

我们可以观察到，浏览器返回数据的预览中已经可以看到请求 list 接口的数据，这样前端请求网络数据的整体功能就完成了。

9.1.2 数据更新方式

接下来需要把数据更新到界面上即可。因为从网络请求中获取到的 responseText 是一个字符串，所以要把图 9-2 中获取的数据 json 化，然后通过循环方式把之前在 HTML 文档中的标签与数据拼接起来，这样就完成了数据的更新，具体如代码清单 9-3 所示。

代码清单9-3　前端请求商品列表

```
var data = eval(xhr.responseText);
console.log(data);
var str = "";
var l=data.length;
for(var i=0; i<l; i++){
    if(i%2 == 0){
        str+="<div class='row'>";
    }
    str+=
    "<div class='col s6'>"+
        "<div class='entry'>"+
            "<img id='"+data[i].id+"' class='screw-img' src='"+data[i].
                img+"' />"+
            "<h6><a href=>"+data[i].name+"</a></h6>"+
            "<div class='rating'>"+
                "<span class='active'><i class='fa fa-star'></i></span>"+
                "<span class='active'><i class='fa fa-star'></i></span>"+
                "<span class='active'><i class='fa fa-star'></i></span>"+
                "<span class='active'><i class='fa fa-star'></i></span>"+
                "<span class='active'><i class='fa fa-star'></i></span>"+
            "</div>"+
            "<div class='price'>"+
                "<h5>"+data[i].price+"</h5>"+
            "</div>"+
            "<button class='button'>ADD TO CART</button>"+
        "</div>"+
    "</div>";

    if(i%2 == 1){
        str+="</div>";
    }
}
document.getElementById("container").innerHTML = str;;
```

在代码清单 9-3 中，我们通过 eval 函数把字符串转换成 json 对象，这时运行代码观察一下 json 对象的数据在前端浏览器中的表现，如图 9-3 所示。

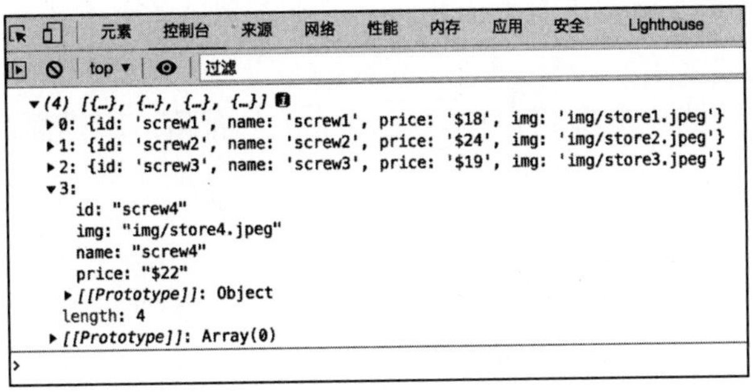

图 9-3　商品列表数据 json 化

然后通过 for 循环把所有的元素都以字符串拼接的方式拼成一个完整的 HTML 字符串。这里有一点需要注意，在拼接字符串时需要将每两个商品放在一个 <div class="row"> 中，所以加入了 i 与 2 取余的逻辑来添加 <div class="row"> 的前半部分，然后通过 i 与 1 取余来添加 </div> 这个结尾。最后通过 innerHTML 把拼接好的字符串更新到页面，运行结果如图 9-4 所示。

图 9-4　更新前端商品列表数据

> 注意 在图9-4中可以观察到商品的边框好像并不是一一对齐的，这是因为商品最外层的容器虽然是统一的大小，但是边框层没有设置统一的高度，所以边框会随着图片本身的大小而发生改变，这也是图9-4中商品并不对齐的原因。

在图9-4中，因为服务器接口中只返回了4个商品，所以商品列表也只有4个商品。

> 拓展知识 前端工程师平时开发过程中很少使用这种拼接字符串更新数据的方式，其实数据可以通过React、Angular等框架更新。鉴于本书旨在让移动端和前端的读者均可以在一端知识零基础情况下看懂本书，不再增加额外知识点。另外，这些框架的应用层API也存在升级的可能。

在开发过程中，大部分工程师都会使用现成工具箱，下面罗列几个常用的优秀网络请求工具箱，仅供大家参考。

❑ Ajax：可以理解为针对代码清单9-2（XMLHttpRequest类）的封装版本，在jQuery中封装，加入了回调成功或失败的处理，以及jsonp的具体实现。

❑ axios：个人认为这是目前使用最广泛的数据获取网络库，是对XMLHttpRequest类的更高层次封装（Promise对象的实现版本），支持并发请求的接口（较方便），目前有一些工程师习惯把axios作为React框架的数据请求库来使用。

❑ fetch可以理解为ajax的升级版，但它并不是使用XMLHttpRequest来实现。fetch使用的是另一套原生函数实现，同样支持Promise对象。目前普及程度在逐步上升，但是在实际使用中还需要开发者做一些额外的实现，比如请求失败的处理、取消请求等。

> 拓展知识 由于浏览器安全限制，因此数据是不可以直接跨域（主要是端口跨域、域名跨域、协议跨域）请求的，除非目标域名授权你可以访问。比如通过crossdomain.xml方式加入白名单，但是白名单的维护和安全性又有一定的成本以及风险。所以可以在你授权的返回数据中设置jsonp，来允许所有的调用者获取数据。

jsonp 的删除实现原理也很简单，即在网页里引入其他网页的 JavaScript 代码（可以是服务器端返回的代码片段），把你想要返回的内容植入到代码片段中即可。

9.2 节将介绍移动端网络数据请求以及界面数据的更新。

9.2　移动端数据更新

Android 网络数据请求与前端流程基本一致，但是因语言差异，需要进行数据的序列化才能使用。

9.2.1　数据获取原理

移动端获取数据的原理主要是使用 HttpURLConnection 类来建立连接，然后通过 Handler 来接收返回的数据，类似于前端的回调函数处理网络请求返回的数据。但是通过网络获取数据之前，要有一个前置环节——让我们的开发机（手机）可以通过浏览器直接访问接口数据，类似图 9-2 中所描述的方式。

前端网络请求数据时的服务器端（网络接口端）和客户端（浏览器端）是在同一个电脑上，我们可以通过 127.0.0.1 来访问接口。但是因为手机是另外一个设备，所以如果我们想访问之前开发的 127.0.0.1/list 接口，需要保证接口和设备在同一个网段。也就是在一个局域网范围内：如果一个设备使用 4G 或 5G 这种移动网络，而另一个设备使用 wifi 网络，或者两个设备在不同的 wifi 网络，都没有办法成功。两个设备都在同一个 wifi 网络环境下，只需要在手机浏览器下访问接口即可。但是我们不能在浏览器中输入 127.0.0.1:9999/list 这个 IP。因为我们在手机浏览器上输入 127.0.0.1 这个 IP，代表我们访问的是手机设备自身的地址，这是无法成功的。我的接口是在 PC 电脑（MacBook）上，所以需要通过 ifconfig 命令查看一下电脑的 IP，如图 9-5 所示。我的电脑 wifi 地址为 192.168.1.4，这是一个内网地址，在同一 wifi 网络环境下其他设备可以通过这个 IP 地址连接到我的电脑，即访问 9.1 节开发的商品列表接口。

图 9-5　查看 PC 设备 IP 地址

我们打开移动端浏览器访问 http://192.168.1.4/list，就可以看到如图 9-6 所示的内容，这时就代表我们的手机端 App 也可以访问商品列表这个服务器接口了。

图 9-6　在手机浏览器上访问商品列表数据

在确定了我们可以访问服务器端接口后，剩下的流程就相对简单一些，具体流程与前端请求网络数据类似。因为 Java 是强类型的语言，所以需要把每一个所使用的数据都创建为对应的类，比如需要把 http://192.168.1.4/list 转换为一个 URL 类，才可以让 HttpURLConnection 使用。

前端网络数据请求返回的值通常情况下为字符串，但是移动端 HttpURLConnection 请求获取的数据都是 InputStream 流数据形式，所以需要把请求来的数据转换成字符串数组。

移动端数据请求与前端数据请求还有一个地方有些差异，前端仅需要在 onreadys-tatechange 中处理返回数据即可。但是在 Android 中需要实现 Handler 类，并使用 Handler 的 sendMessage 函数把数据传递回到主线程才能更新页面的 UI。

当我们做完这些之后就可以通过 Toast 类把请求的数据展示在页面上，全部实现如代码清单9-4 所示。

代码清单9-4　移动端请求数据代码

```
/*    省略部分代码    */
handler = new Handler() {
    public void handleMessage(android.os.Message msg) {
        if (msg.what == 0) {
            Toast.makeText(mContext, "服务器异常", Toast.LENGTH_LONG).show();
        } else if (msg.what == 1) {
            Toast.makeText(mContext, msg.obj.toString(), Toast.LENGTH_LONG).show();
        }
    };
};

/*    省略部分代码    */
public void fetch() {
    Thread t = new Thread() {
        @Override
        public void run() {
            super.run();
            String path = "http://192.168.1.4:9999/list";
            try {
                URL url = new URL(path);
                HttpURLConnection conn = (HttpURLConnection) url
                        .openConnection();
                conn.setRequestMethod("GET");
```

```
            conn.setReadTimeout(5000);
            conn.setConnectTimeout(5000);
            if (conn.getResponseCode() == 200) {
                InputStream is = conn.getInputStream();
                byte[] b = new byte[1024];
                int len = 0;
                ByteArrayOutputStream buf = new ByteArrayOutputStream();
                while ((len = is.read(b)) != -1) {
                    buf.write(b, 0, len);
                }
                String text = new String(buf.toByteArray(), "utf-8");
                Message msg = new Message();
                msg.what = 1;
                msg.obj = text;
                handler.sendMessage(msg);
            } else {
                handler.sendEmptyMessage(0);
            }
        } catch (Exception e) {
            e.printStackTrace();
        }
    }
};
t.start();
}
```

代码清单 9-4 在处理数据返回时，把数据中 Handler 的 what 设置了标志位 1，即当 what 为 1 时，我们认为网络请求接口成功（但是有可能没有数据）。

这时运行一下代码，来看看数据在 Toast 弹层中展示的效果，运行结果如图 9-7 所示。在图 9-7 中可以看到，转换成字符串的商品列表数据。在完成这些之后，我们需要把这部分数据更新到商品列表中。

与前端开发一样，Android 也有类似前端 fetch、axios 的网络数据请求库，如 Okhttp、Retrofit 等，不过平时移动端开发过程中很少会自己编写网络请求库。下面也简单对比一下二者的区别。

❑ OkHttp：比较简洁，可扩展能力强，但是在使用的过程中需要使用者自己做的事情比较多，比如网络请求的消息回来需要切到主线程，主线程要自己去写。此外，OkHttp 还需要用户自己处理缓存失效问题，否则随着网络情况的变化，用户很有可能因为非法环境数据等获取不到想要的数据。OkHttp 主要做的事情是数据请求链路的优化，比如多路复用、数据压缩等。

❑ Retrofit：主要负责应用层面的封装，底层的网络数据请求使用的也是 OkHttp，不过 Retrofit 处理了很多开发者需要处理的问题，比如请求参数、响应数据的处理、错误处理等，使用方便一些。但是在底层需要定制功能的情况下，Retrofit 不一定比 OkHttp 更灵活。

图 9-7　移动端数据弹层提示

9.2.2　数据更新方式

Android 与前端有一个非常不同的特点：在前端可以直接使用返回数据，但是在 Android 中，我们至少需要一个 class（通常为 JavaBean）来承载所要接收的数据，接下来就要把请求来的字符串数据解析成可以在 Java 中使用的形式（类的对象形式）。

拓展知识　通常情况下，我们把 Java 对象转换成字节流序列的流程叫作序列化，序列化数据最主要的用途是方便在网络中传输，那么把字节流序列转换为可用的 Java 对象的流程叫作反序列化。但是在实际开发中也有工程师把网络数据解

析成可用 Java 对象的，所以这里我尽量避免使用序列化这个词，以免造成歧义。

解析字符串的过程也相对简单，在代码清单 9-4 中把数据从 I/O 流转换成字符串展示出来，那么接下来我们仅需要对字符串进行处理，把处理完的数据转换成 ProductBean 类的对象，最后存储到 mData 中即可。mData 就是存储商品列表的 ArrayList，是要传入数据装载器的。

把代码清单 9-4 中的 handler 对象做一些改动，以处理返回的字符串，如代码清单 9-5 所示。我们在获取前端接口时看到了完整的数据，即图 9-6 中展示的那个字符串。

代码清单9-5　移动端返回数据

```
[{id:'screw1',name:'screw1',price:'$18',img:'img/store1.jpeg'},
{id:'screw2',name:'screw2',price:'$24',img:'img/store2.jpeg'},
{id:'screw3',name:'screw3',price:'$19',img:'img/store3.jpeg'},
{id:'screw4',name:'screw4',price:'$22',img:'img/store4.jpeg'}]
```

接下来通过一系列字符串的截取操作，把我们需要的数据转换为一个字符串数组：把字符串前后的"[{"、"]}"去掉，然后以"}，{"为切割符把剩下的字符串进行切割，我们就能得到一个字符数组。具体如代码清单 9-6 所示（注意，前端的转义符号是"\"，但是 Java 中是"\\"）。

代码清单9-6　移动端切割字符串数组

```
handler = new Handler() {
    public void handleMessage(android.os.Message msg) {
        Toast.makeText(mContext,"handler call", Toast.LENGTH_LONG).show();
        if (msg.what == 0) {
            Toast.makeText(mContext, "服务器异常", Toast.LENGTH_LONG).show();
        } else if (msg.what == 1) {
            String mString = msg.obj.toString();
            mString = mString.substring(2,mString.length()-2);
            String[] arrString = mString.split("\\},\\{"); // 用,分割
            for(int i = 0; i< arrString.length; i++ ){
                mData.add(new ProductBean(String.valueOf(arrString[i])));
            }
            mGrid_product.setAdapter(mAdapter);
```

```
        }
    };
};
```

　　最后，是不是把每个数据都存入 mData 就可以了吗？当然不是。因为数据还没有转换为 ProductBean 类的对象，所以还需要调用 ProductBean 的构造函数。创建一个新的 ProductBean 类构造函数接收字符串，并且把字符串转换为一个 ProductBean 类的实例，当然也是使用最笨的字符串切割方式，具体实现如代码清单 9-7 所示。

 拓展知识　通常情况下，代码清单 9-7 所做工作会使用到第三方的解析库，所以不会每次都需要自己拼接这么一大堆字符串，常用、优秀的 Gson 提供了 fromJson() 序列化函数和 toJson() 反序列化函数，通常一行代码就能完成字符串的对象化过程，得到我们想要的对象。

代码清单9-7　移动端切割字符串数组

```
public class ProductBean{
/*……省略代码……*/
public ProductBean(String sJson){
    String[] arrayString = sJson.split(",");
    this.netid = arrayString[0].substring(arrayString[0].indexOf("'")+1,
        arrayString[0].lastIndexOf("'"));
    this.name = arrayString[1].substring(arrayString[1].indexOf("'")+1,
        arrayString[1].lastIndexOf("'"));
    this.cast = arrayString[2].substring(arrayString[2].indexOf("'")+1,
        arrayString[2].lastIndexOf("'"));
    this.netimgsrc = arrayString[3].substring(arrayString[3].indexOf("'")+1,
        arrayString[3].lastIndexOf("'"));
};
};
```

　　在代码清单 9-7 中，我们先把传入的一个字符串，如 "id:'screw1',name:'screw1',price:'$18',img:'img/store1.jpeg'" 以 "," 再做一次切割，这样我们得到的就是 [id:'screw1', name:'screw1', price:'$18', img:'img/store1.jpeg'] 这样的一个字符串数据。我们只需要以 "'" 为标记截取出所需要的数据，并进行赋值就完成了 ProductBean 实例数据的初始化了。

那么接下来运行一下代码，看看请求来的数据展示结果，如图 9-8 所示。我们看到除了商品图片外，其他的商品信息都显示出来了，那么这是什么原因呢？其实这是因为接口中返回的图片是网络图片，即 Android 需要下载完这些图片才可以展示出来（参见 7.2.2 节），只需要调用代码清单 7-5 中的 ImageTool.getData 函数就可以解决，这里就不重复介绍了。

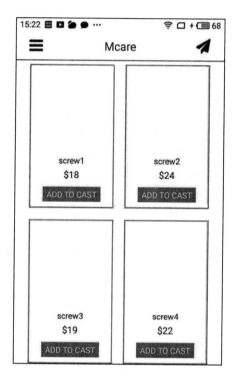

图 9-8　请求数据展示

9.3　小结

前端和移动端网络数据获取以及数据更新基本上介绍完了，接下来针对网络数据获取以及数据更新做对比与总结。

先来看看二者的网络数据获取异同点，具体如表 9-2 所示。

表 9-2　前端、移动端网络数据获取方式对比

端类型 关注点	前　端	移　动　端
相同点	前端常通过 HTTP 协议获取数据	Android 常通过 HTTP 协议获取数据
相似点	前端有一个原生 API 支持数据请求，使用 XMLHttpRequest 实现。且有 ajax、axios、fetch 等获取数据的工具箱 前端异步获取网络数据，不影响浏览器页面渲染以及其他网络获取数据的通道。但是前端可以把获取网络数据更改为同步方式	移动端通过 HttpURLConnection 来建立数据请求通道，且有 OkHttp、Retrofit 等获取数据的工具箱 Android 会开启异步线程获取数据，且无法更改为同步方式，请求数据时不与主线程（UI 线程）处于同一线程
不同点	前端获取数据后可以直接使用，不需要提前创建对应的类去反序列化返回的数据	移动端需要提前创建好对应的 Bean 类，然后把数据反序列化，否则无法使用。当然，反序列化的过程可以使用第三方的工具（如 Gson）

此外，在第 9 章介绍了两端数据更新，具体差异总结如表 9-3 所示。其实两端从数据更新方式上来说不太一样，不过实现的功能基本一致。

表 9-3　前端、移动端数据更新对比

端类型 关注点	前　端	移　动　端
相同点	前端数据更新支持数组、基础数据类型等	移动端数据更新支持数组、基础数据类型等
不同点	前端通过字符串拼接或者通过属性设置的方式来更新数据，如果是列表数据，通过循环赋值或者循环拼接字符串后设置 innerHTML 属性实现数据更新。当然常规情况下会通过第三方的框架来实现（如 React、Angular）	Android 常通过属性设置方式来更新数据。如果是列表数据，如 <ListView>、<GridView> 标签通过数据装载器 Adapter 进行设置并更新

至此，前端、移动端的页面布局、页面跳转、操作交互、数据更新均介绍完毕。第 10 章将介绍二者完全不同的地方。

Chapter 10 第 10 章

前端和移动端的巨大差异

本章将介绍前端和移动端在发布流程、内存管理、系统权限和设备层面的差异情况。

10.1　发布流程的差异

前端发布有 4 个流程（也可以理解为 4 个阶段）。

流程 1：**满足发布的基础诉求**。把前端的 HTML、CSS、JavaScript 文件复制一份到目标服务器上，最主要的诉求其实是让用户能够访问这些文件。

流程 2：**将前端代码从发布到单一服务器改为发布到 CDN 服务器上**。因为放在自己的服务器上有两个不好的地方：一是单个节点所承受的流量压力较大，当然这也可以通过增加服务器解决；另一个问题就比较棘手了，因为用户访问我们的站点需要经历很多中间环节（不断地在 DNS 中逐级寻址），这些环节可能会阻碍用户更快地看到页面。CDN 的出现使得这部分问题得到了解决，而且 CDN 也能缓解单一节点压力过大的问题。

流程 3：**使用代码混淆和代码压缩**。大家对前端网络安全要求越来越高，比如很多开发人员不希望前端请求接口的情况暴露出来，更不希望自己的一些简单加密方式（比如 base64）被别人知道。此外，大家对用户体验要求越来越高，用户希望能够更快访问站点，因此压缩前端的代码体积也变得重要起来，所以前端发布过程中又加入了代码混淆和代码压缩。

流程 4：**统一管控依赖的 JavaScript 包**。随着 Node.js 和很多优秀构建工具（Grunt、Webpack、Gulp 等）出现，前端构建、发布变得方便许多。将之前把所有外部 JavaScript 包都引入到 HTML 页面更改为把依赖的 JavaScript 包直接在构建阶段统一管控，前端工程师仅需要进行简单配置就能达到自己的诉求。

图 10-1 展示了一个前端项目构建、发布平台的常规流程，还有很多节点与本节内容无关，就不详细介绍了。

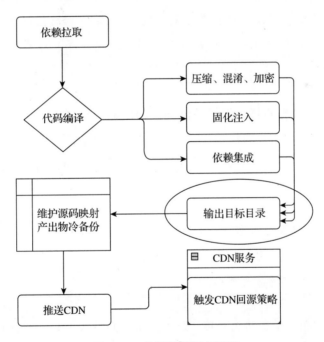

图 10-1　前端常规发布流程

如图 10-1 所示，常规情况下一个前端应用经历上面 4 个流程才能发布到线上，用户才会看得到界面，但是前端项目与移动端的发布有一个最大的差异：在"输出目标目录"这一环节之后，二者的发布流程就完全不同了。

因为前端代码是在 CDN 上，所以用户每次访问站点内容时访问的都是 CDN 的内容，而更新 CDN 上的内容又不需要通知用户，代码出现任何问题都能够随时回滚，即随时可以更改 CDN 上的数据。因为用户在访问前端应用时访问的始终是远端数据（CDN 或动态服务器），所以随时可以更新代码，并且在 UI 变动不大的情况下，大部分用户甚至都察觉不到。当然可能会出现部分资源重新拉取，或者因触发 CDN 回源策略造成加载时间略长的情况。

另一个差异点是，在前端线上很少出现多版本并存的场景（A/B 测试除外），但是移动端会出现。前端的更新效率也非常快，基本前端上线后，用户第一次访问站点时就可以访问最新的代码应用。

🔧 **拓展知识** 所谓 A/B 测试，其本质就是把入口的流量均匀分为几组，每组添加不同的策略（可以是前端界面，也就是不同的前端代码），然后根据这几组用户数据指标，比如人均在线时长、用户留存、模块渗透率等，最终选择一个最好的组全量上线。

图 10-2 为一个常规的移动端发布流程，圈出的"出多渠道包、历史冷备份"之后的流程就与前端项目的发布流程不同了，我们需要关注两个最大的不同点。

一是移动端很少考虑 CDN 资源的问题，主要是代码的逻辑几乎无法通过动态加载代码的方式完成。

📋 **注意** 移动端中常规网络资源（比如图片、媒体文件）还是需要 CDN 服务器支持的，逻辑部分也有热更新可以实现动态加载，但是各大 App 市场也不提倡这么做，以苹果市场最为严格。

二是移动端发布通常要进行灰度 / 渠道发布，而且线上会同时存在多个移动端版本。这么做的主要原因是移动端 App 发布之后没有办法像前端一样随时回滚。此外还有一个原因：很多用户不会主动升级自己的 App。当然我们可以通过阻止用户使用并弹出提示来强制用户升级，但是这样的用户体验是极不友好的，甚至有用户因为频繁弹出强制升级而放弃一款产品。

如果你是前端工程师，那么在学习移动端知识时一定要意识到发版、升级、商店审核等给上线工作带来的额外成本。

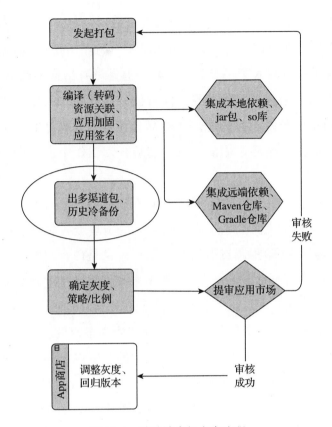

图 10-2 移动端常规发布流程

如果你是移动端工程师，那么可能比前端项目线上出现问题时多了一个选择：可以回滚或者下线，没有移动端项目发版、用户升级的成本。但在平时开发工作中也要考虑我们的代码离用户没有那么"远"。

10.2 内存管理的差异

其实动笔前我一直在纠结本节标题定为"设备的差异"还是定为"内存管理的差异"，后来想了一下，无论前端工程师还是移动端工程师，能够操作或者更改的只有内存，对设备的控制仅仅局限于开或者关以及部分 API 操作，本着"不关注无法影响结果的事情"原则，所以本节标题就定为"内存管理的差异"。

在平时的开发工作中，其实我们基本不会接触到内存操作，而且前端也很少出现内存问题，即便出现内存问题，大部分也是由"循环"或者"递归"导致的。比如，我们在编程过程中写入了一个循环函数，但是没有给这个循环设置终止条件，此时就极易出现内存问题。再如，我们同时创建多个画布，然后在画布上进行图像的绘制并对画布本身做一些处理。这些都会导致内存飙升的情况，但是大部分前端工程师不会犯这种循环调用的错误，前端开发工作中也很少遇到画布处理的情况。

移动端的开发中，除去与前端相同的循环、递归产生的内存泄漏之外，内存泄漏场景出现的频率相比前端还是高出很多。由于垃圾收集器会回收那些未被引用的对象，但不会回收那些还被引用的对象。这也是内存泄漏发生的源头（与前端中的 JavaScript 内存回收比较类似）。接下来我们罗列一些比较常见的内存泄漏场景。

第一种是大量使用静态变量导致的。因为使用静态变量后，只有在类被释放时内存才会被释放，而类的释放是由 JVM 来控制的。所以前端工程师刚刚入门开发 Android 应用时，要尽量避免使用静态变量。

第二种是资源引用所造成的，比如在读写文件时，buffer 对象未被释放，这部分内存消耗会随着每次打开文件而增加，最终造成内存泄漏。

第三种是外部类引用内部类导致的，这个场景主要出现在非静态内部类中，在类初始化时，内部类总是需要外部类的一个实例。每个非静态内部类默认都持有外部类的隐式引用。如果在应用程序中使用该内部类的对象，即使外部类使用完毕，也不会对其进行垃圾回收。前端闭包与外部类引用内部类的情况非常类似，所以前端闭包运用得不好也会造成这个问题。

这 3 种是比较常见的内存泄漏，有可能是前端工程师最容易犯的错误。还有一些不太常见的 Android API 或者 Java 第三方库的内存泄漏，比如手机键盘事件的内存泄漏、ThreadLocal 的内存泄漏等。

既然移动端的内存泄漏问题这么容易触发，那么前端工程师要如何观察自己的移动端应用是否已经出现内存泄漏了呢？当我们启动 App 后，直接开启 Android Studio 的 profiler 选项卡，如图 10-3 所示。在第三行 MEMORY 这一层，我们可以看到 App 内存的消耗，在图 10-3 中有一部分内存消耗存在一个不太明显的下降，这个下降就是我们在请求数据后释放的数据请求对象。

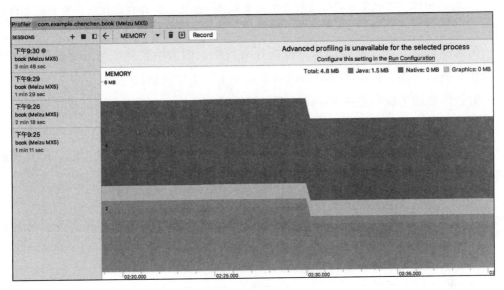

图 10-3　移动端内存泄漏

　　如果应用程序长时间连续运行后性能严重下降，或者抛出 OutOfMemoryError 异常或者程序莫名其妙地自动崩溃，那么关注一下这个选项卡。如果还要更进一步挖掘问题，可以把 Java 内存下载下来进行详细分析。

　　本节并没有详细介绍如何排查一个前端或者移动端的内存问题，因为排查这个问题需要丰富的开发经验。内存泄漏的原因很多，我们无法一一穷举，只能把最基础的观察内存问题的方式以及需要注意的地方告诉大家。

10.3　系统权限的差异

　　在权限层面，前端和移动端主要有两个差异：第一个差异其实是在应用层面，前端要获取与移动端相同的权限时需要做更多的工作；第二个差异是在权限申请层面。本节将介绍这些差异。

> **注意** 前端工程师可以通过 IE 浏览器的 ActiveX 插件，或者通过 NPAPI 方式来启动桌面系统的应用，这样理论上来说前端工程师也可以和移动端工程师一样在操作系统层面操作，可以获取操作系统上的所有权限（如果系统存在该权限，且系统允许）。

在权限范围方面，前端的权限范围相对较小，因为毕竟是在浏览器的沙箱环境下操作，所以前端工程师能获取的权限必然小于等于浏览器权限。

但是移动端工程师是在 Android 操作系统层面操作，所以 Android 操作系统层面能够使用的是 Android 系统所有的基本权限。

比如，前端很难获取到文件 I/O 的权限，无法处理文件中具体的内容。但是移动端可以对文件做各种处理，如编码、处理内容、存储、复制。

> **注意** 这里的 I/O 权限并不是指前端的简单文件读写权限，而是处理文件中的具体内容，因为上传文件或者浏览器下载某个文件也可以理解为 I/O。但是前端工程师基本是无法处理这些的。

还有一些权限，前端工程师在浏览器中是一定无法获取的。比如移动端存在陀螺仪的权限、水平系统的权限，这两个权限是在电脑上进行开发的前端工程师无法获取的，但是开发手机 H5 应用的前端工程师则可以通过浏览器的权限获取（如果浏览器自身能够获取到这两个权限的话）。

还有一些移动端中非常常用的权限，比如 NFC、蓝牙、手电筒等，这也是前端工程师很难获取的，所以要用到这些权限来开发一个功能的时候，前端工程师可能就不好操作了。

> **拓展知识** 现在部分浏览器（Chrome 等）可以通过使用 WebBluetooth 来获取蓝牙设备进行控制，具体方法是先通过 navigator.bluetooth.requestDevice() 来判断当前设备是否支持蓝牙，这个时候在用户的操作界面上会弹出一个让用户选择设备的弹窗，用户选择完设备后，我们可以通过 device.gatt.connect() 来获取蓝牙连接，然后通过蓝牙的 getPrimaryService() 函数来传递要调用的服务。选择申请蓝牙连接权限的设备如图 10-4 所示。这里我们使用了一个叫作

BluetoothRocks 的开源项目（项目地址是 https://bluetooth.rocks/）。

图 10-4　前端蓝牙权限申请连接设备

　　通常情况下，前端工程师不需要申请任何权限（比如下载、网络、读取本地文件、设置本地缓存等），默认可以调用浏览器的大部分权限。个别权限，比如摄像头、麦克风等权限，也是在使用的时候才会发起申请。

　　但是在移动端工程师开发的过程中，实际上所有的权限都是要预申请的，比如请求网络数据时的网络权限、存储图片时调用的 SD 卡写权限，都是需要在 2.2.2 节介绍的 AndroidManifest.xml 文件中提前声明的。这一点也是前端与移动端在使用系统权限时的巨大差异。

　　在后续的开发过程中，有时会遇到数据无法获取或者读写文件不成功等情况，这时需要我们回忆一下是否需要提前申请权限，牢记前端和移动端权限开发的差异。

10.4　设备的差异

　　其实在前端开发过程中，设备间的差异较小，因为前端的运行均是在浏览器沙箱环境中，但是移动端的设备差异还是存在的，尤其是不同屏幕大小、系统版本、厂商间的差异。

10.4.1 前端各个浏览器的对比

前端是在浏览器沙箱环境中运行的，所以设备上的差异基本可以忽略，本节只需要对比同一个页面在浏览器上的差异。我们以商品列表页进行对比。图 10-5～图 10-7 分别为 Chrome、Edge、Safari 浏览器的展示效果。

图 10-5　Chrome 浏览器中的商品列表

图 10-5、图 10-6、图 10-7 中的商品列表界面并没有明显差异，因为目前市面上大部分浏览器都依赖 Webkit 内核，个别不依赖 Webkit 内核的浏览器也会遵循 W3C 制定的行业标准来实现自己的浏览器内核。如果 IE 浏览器用户较多，我们可能需要关注 IE 浏览器的差异性，否则不需要太过关注。

虽然内核相同，但是不同浏览器还是有一定差异的。大部分差异是开发者在开发前端应用时使用浏览器工具的差异，用户是感知不到的。比如图 10-6 中，Safari 浏览器的调试器与 Chrome 浏览器的就是不一样的。Chrome 可以通过右击鼠标后选择检查相关选项来打开浏览器调试器，但是 Safari 浏览器需要在"设置"界面的"高级"选项里进行设置，如图 10-8 所示。

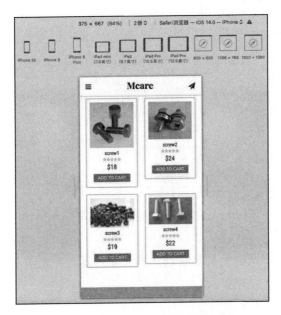

图 10-6 Safari 浏览器中的商品列表

图 10-7 Edge 浏览器中的商品列表

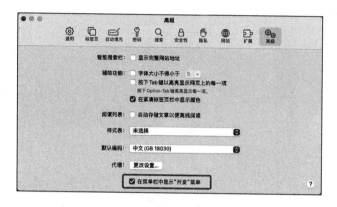

图 10-8　在 Safari 浏览器中打开开发者模式

此外，还有一些浏览器差异是普通用户（非开发者）能够明确感知的，比如浏览器的系统弹窗提示，参见第 8 章。

10.4.2　移动端不同设备的差异

移动端各个设备上的差异要多于前端设备，毕竟 App 是直接作用在移动端操作系统上的。

我们把开发 App 用的电脑上连接一台新的 Android 开发机——坚果 Pro 2S 手机，之后运行 Android Studio 的编译指令，就能看到 Android Studio 安装设备管理界面，如图 10-9 所示。

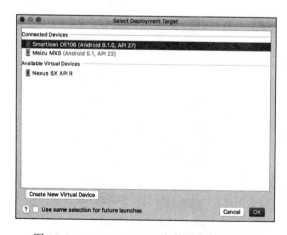

图 10-9　Android Studio 安装设备管理界面

在图 10-9 中，我们看到设备管理器中多了一个 Smartisan OE106（Android 8.1.0, API 27）选项，这个选项就是坚果 Pro 2S 设备，选中它并进行编译，App 就可以安装到这台坚果 Pro 2S 手机上。

但是在我们点击完编译之后，会看到如图 10-10 所示的界面，这是前端与移动端又一个不同的地方，这个界面是 API 27 已经下载完毕的状态。由于之前我们使用的开发机是 Meizu MX5，在这个 Meizu MX5 上运行的 Android 系统版本是 Android 5.1。之前我们已经下载好了 Android 5.1 的所有依赖，所以没有弹出图 10-10 的这个界面，但是坚果 Pro 2S 设备上运行的是 Android 8.1，与开发用的电脑上的不一致。所以需要下载新的 SDK 支持 Android 8.1 的编译。下载完之后，我们点击 Finish 按钮，就可以在坚果 Pro 2S 手机上看到如图 10-11 所示的界面了。

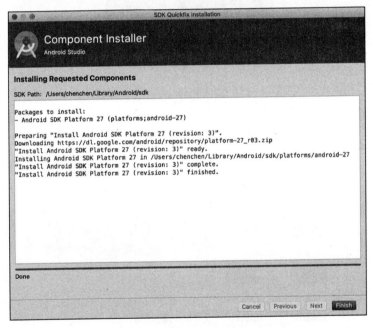

图 10-10　新的 SDk 下载安装完毕

在任何新设备中安装 App，我们都需要进行一次授权操作。点击授权之后，待 App 安装结束，我们观察一下安装到坚果 Pro 2S 设备上的 App 效果，如图 10-12 所示。

图 10-11　坚果 Pro 2S 新设备授权提示

a）坚果 Pro 2S 上的商品列表

b）坚果 Pro 2S 上的商品详情

图 10-12　坚果 Pro 2S 上的 App 效果

在图 10-12 中可以观察到，坚果 Pro 2S 的页面与魅族 MX5 的页面并没有什么出入。但是图 10-12b 中商品详情页的展示却与魅族 MX5 出现了出入，看起来坚果 Pro 2S 上商品图片的宽度并没有充满整个屏幕。

出现这个问题是因为移动端设备更换后，开发者的某些代码写得并不标准造成的。让我们看一下为什么会出现这个问题，<ImageView> 代码如下所示。

我们在设置 <ImageView> 标签图片时只设置了宽度，没有设置对应的 scaleType 属性，所以 scaleType 默认值是 fitCenter，即按比例拉伸图片，当图片拉伸后，图片的高度为 <ImageView> 的高度，则图片会在 <ImageView> 标签的中间显示。因为手机屏幕变宽了一点点，所以在坚果 Pro 2S 设备上会出现商品图片两边留白的情况。

```
<ImageView
    android:id="@+id/product_img"
    android:layout_width="match_parent"
    android:layout_height="380dp"
    android:src="@mipmap/store1"/>
```

修复这个问题也十分简单，只需要把 scaleType 设置为 centerCrop 即可。centerCrop 是按比例放大原图，当图片的宽度或者高度等于某边 <ImageView> 的宽或高时，停止放大。

当然除了界面展示之外，还有一些问题，比如随着手机设备系统的升级，有些智能手机不支持 App 的原始 API。这种情况，一般官方都会提供更稳定的 API，当然也会因为部分安全原因或者性能原因废弃一些 API。比如在 API 23 中，我们无法使用 HttpClient，但是官方建议使用 openConnection() 来解决之前 HttpClient 的应用层场景问题。

此外各个手机厂商也会有一些定制化的 API，这些 API 会随厂商定制的 Android 系统升级，比如我们使用的 MX5 开发机就有自己的开发者平台，MX5 手机有一些定制 API 供开发者使用。我们在迁移手机 App 时，也要关注这些迁移官网 API 的功能，否则某个功能使用了某些手机厂商的特定 API 后，这个功能很可能在别的手机上就无法使用了。这个特点非常类似前端各个浏览器厂商的定制 API，前端工程师可以以这个角度来理解移动端的厂商差异。

　　所以在 App 的开发过程中，关于移动端各个设备的差异，我们需要时刻警惕屏幕大小差异、系统版本差异、厂商 API 差异，才能做出在任何主流设备上都能表现良好的 App。

推荐阅读

华章前端经典

推荐阅读

JavaScript权威指南（原书第7版）

ISBN：978-7-111-67722-2

JavaScript "犀牛书" 时隔10年重磅升级，全球畅销20余年，几十万前端人的共同选择。